RECHERCHES PHYSIUQES

SUR

LA FORCE ÉPIPOLIQUE.

IMPRIMERIE DE H. FOURNIER ET Ce,

Rue Saint-Benoît, 7.

RECHERCHES PHYSIQUES

FORCE ÉPIPOLIQUE

PAR

M. DUTROCHET.

MEMBRE DE L'INSTITUT (ACADÉMIE DES SCIENCES).

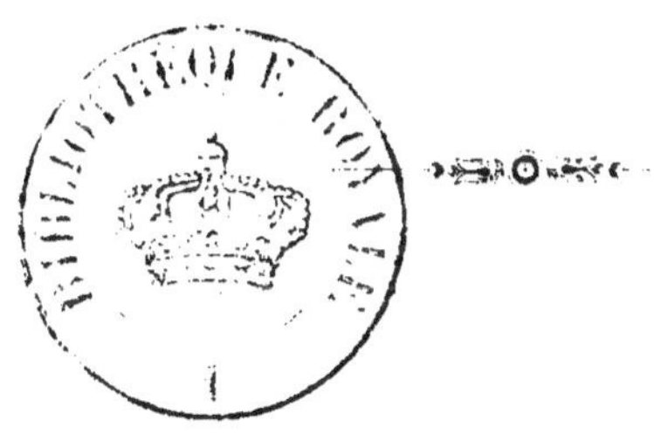

PARIS,

CHEZ J.-B. BAILLIÈRE,

LIBRAIRE DE L'ACADÉMIE ROYALE DE MÉDECINE,

Rue de l'École de Médecine, 17.

A LONDRES,

Même Maison, 219 Regent Street.

1842.

RECHERCHES PHYSIQUES

SUR

LA FORCE ÉPIPOLIQUE.

————o©o— ..

CHAPITRE PREMIER.

Exposé historique et considérations préliminaires.

1. Les phénomènes physiques dont j'offre ici l'étude ne sont point nouveaux dans la science, quoique je désigne sous un nom nouveau la force à laquelle je les attribue. Ces phénomènes sont nombreux ; ils ont souvent été étudiés ; mais jusqu'ici on n'a point saisi le lien qui les unit, on n'a même pas soupçonné que ce lien existât. Ces divers phénomènes ont tous été considérés à part; on leur a attribué des causes diverses et hypothétiques, et, comme cela arrive trop souvent, les esprits satisfaits par des explications plausibles se sont tenus, à cet égard, dans ce repos qu'amène toujours la possession réelle ou prétendue de la vérité. Certains faits m'ont fait douter de la valeur des explications admises et m'ont porté à tenter de nouvelles expériences ;

j'ai aperçu une liaison secrète entre des phénomènes que l'on considérait comme n'ayant rien de commun, et je suis parvenu ainsi à réunir dans un seul faisceau et à rapporter à l'effet d'une même force ou d'une même cause des faits qui ne paraissaient pas avoir le moindre point de contact. Pour opérer cette réunion, il m'a fallu seulement trouver des faits intermédiaires propres à faire voir, dans sa continuité, la série des faits dont se compose cette branche de la physique, qui n'est nouvelle qu'au moyen de cette séparation que je suis parvenu à établir entre elle et les autres parties de la science. Je vais exposer ici, sommairement, les faits jusqu'ici connus, que je rassemble dans une catégorie commune. Leur rapprochement paraîtra sans doute étrange, avant d'avoir vu le lien qui les unit.

2. La propriété que possèdent toutes les huiles, plus légères que l'eau, de s'étendre en couche extrêmement mince à la surface de ce liquide, est anciennement connue; elle a dû frapper dans tous les temps les yeux les moins observateurs. Un effet très-singulier de cette extension de l'huile sur la surface de l'eau est d'aplanir les flots que le vent produit sur cette surface. On trouve ce fait noté chez plusieurs écrivains de l'antiquité. Aristote, Plutarque et Pline en font mention. Voici comment s'exprime Plutarque à ce sujet [1].

« Pourquoi est-ce que la mer arrosée d'huile par dessus
« il se faict une clarté transparente, et un calme et tran-
« quillité au dedans? Est-ce pour autant qu'Aristote dit,
« que le vent glissant par dessus l'huile, qui est lissée et
« polie, n'a point de coup, et ainsi ne fait point d'agitation? »

On a exagéré cette propriété que possède l'huile, de

---

1. Les Causes naturelles, 12 ; traduction d'Amyot.

calmer les flots lorsqu'ils n'ont qu'une faible élévation , en disant que l'on pouvait par ce moyen apaiser les tempêtes. Franklin [1] est, parmi les modernes, le premier qui ait fait une étude scientifique de ce phénomène, dont la connaissance a toujours été vulgaire. Il attribue l'extension de l'huile sur l'eau , en couche extrêmement mince, à une répulsion réciproque qui existerait entre les molécules de l'huile, et au défaut d'attraction entre l'huile et l'eau. Quant à l'aplanissement des flots qui résulte de l'extension de l'huile sur la surface de l'eau, il l'attribue, comme Aristote, à ce que l'huile étendue en couche mince sur l'eau la soustrait au frottement de l'air, qui ne fait plus alors que glisser sur la surface de ce liquide sans le soulever, en sorte qu'il comprime et aplanit les flots existants. On verra plus bas ce qu'on doit penser de cette explication.

3. Un autre phénomène, celui du mouvement que présentent les parcelles de camphre placées à la surface de l'eau, a été considéré, par certains physiciens, comme analogue à celui de l'extension de l'huile en couche mince sur la surface de ce liquide. Toutefois cette explication ne fut pas la première qui se présenta.

4. La découverte des mouvements du camphre sur l'eau appartient à Romieu et remonte à 1748, quoiqu'elle n'ait été publiée qu'en 1756 dans les Mémoires de l'Académie des sciences. Cet observateur vit que lorsque toute la surface de l'eau était couverte de camphre pulvérulent, ce dernier n'offrait point de mouvement ; que les gros morceaux de camphre, qui n'avaient point de mouvement sur l'eau, en prenaient un très-vif lorsqu'on les enflammait, et qu'ils s'arrê-

1. Lettre au docteur Brownrigg , dans les Transactions philosophiques, vol. 64, part. 1, p. 445; 1774.

taient lorsqu'on les éteignait ; que la chaleur de l'eau favorisait ce mouvement ; que les parcelles de camphre offraient des mouvements d'attraction et de répulsion lorsqu'elles venaient à se rencontrer ; que l'on pouvait faire cesser tout à coup le mouvement des parcelles de camphre, en versant de l'esprit-de-vin dans l'eau, ou bien seulement en touchant la surface de l'eau avec le doigt, avec un fil de fer ou de laiton, avec un petit bâton de bois, ce qui n'arrivait pas lorsqu'on la touchait avec un tube de verre ou un bâton de cire d'Espagne ou de soufre. Romieu affirme que si l'eau où surnagent les parcelles de camphre est contenue dans un vase de fer ou de cuivre, on n'aperçoit en elle aucun mouvement, tandis que ce mouvement se manifeste si le vaisseau est de verre, de soufre ou de résine. *La nécessité, dit-il, d'employer dans ces expériences des vaisseaux de verre, de soufre ou de résine, qui sont des corps électriques par eux-mêmes, et la cessation du mouvement des parcelles du camphre, lorsque l'eau dans laquelle elles surnagent est touchée par un corps non électrique, ne semblent-elles pas indiquer que tous ces phénomènes sont des effets de l'électricité ?* Malheureusement pour cette conclusion, elle est fondée sur des faits mal observés et complétement erronés ; il est certain, en effet, que le camphre se meut aussi bien sur l'eau placée dans des vases métalliques qu'il le fait sur l'eau placée dans des vases de verre ; quant à l'eau placée dans des vases de résine ou de cire, elle n'est apte à présenter les mouvements du camphre que pendant très-peu de temps après qu'elle y a été versée ; elle y contracte bientôt des qualités qui s'opposent complétement à l'existence de ces mouvements. Pour ce qui est de l'arrêt de ces mouvements lorsqu'on touche l'eau avec certains corps solides, l'expérience apprend que cet arrêt n'a lieu que lorsque ces corps sont gras ou enduits d'une couche, même imperceptible, de graisse ou d'huile, qu'ils peuvent tenir, par exemple, du contact des mains. On voit par là que les faits annoncés par Romieu ont été mal observés, et que les conclusions qu'il en tire pour attribuer les mouvements du camphre sur l'eau à l'électricité, ne sont nullement fondées.

5. Bien des années s'écoulèrent avant que l'étude de ce phénomène intéressant fût reprise, car ce n'est qu'en 1787 que furent publiées [1] les recherches que Lichtemberg avait faites deux ans auparavant sur cet objet. Des expériences faites avec le condensateur de Volta lui démontrèrent que lors du mouvement du camphre sur l'eau il ne se montrait aucune trace d'électricité. Il pensa que ce mouvement pouvait être dû à l'évaporation rapide des parcelles de camphre, et aux changements de forme que ces parcelles subissent en diminuant de grosseur, ce qui fait qu'elles changent sans cesse les côtés par lesquels elles s'attirent réciproquement, comme le font tous les corps légers flottant sur l'eau. Cette explication, comme on le voit facilement, est vague et insuffisante. Dans le temps même de la publication de ces recherches de Lichtemberg et à leur occasion, Volta fit, en présence de Frank [2], des expériences desquelles il résulte que le mouvement du camphre sur l'eau s'opère sans qu'il y ait le moindre signe d'électricité. Il parut clair à Volta que ce mouvement provenait d'effluves qui, sortant du camphre, s'opéraient comme des explosions, et qui consistaient dans une *exhalaison élastique* produite par la chaleur; il émit le soupçon que ces phénomènes de mouvement pouvaient dériver de ce que *l'eau, qui ne dis-*

1. Delectus opusculorum ; Frank , vol. 3, p. 78.
2. Même ouvrage.

sout point du tout le camphre, repousse ses émanations , en sorte que l'eau elle-même est chassée d'auprès du camphre, ce qui communique du mouvement à ce dernier. Volta n'a présenté cette explication qu'avec doute; elle est d'ailleurs fondée en partie sur une erreur, car il est bien reconnu que l'eau dissout le camphre dans une certaine proportion.

6. Brugnatelli reprit ces recherches en 1790 [1]; il les avait déjà commencées en 1787 conjointement avec Volta, auquel il attribue l'opinion que la vapeur émise par le camphre frappe l'eau et l'air, ce qui meut le camphre par réaction; il ajoute que Volta a vu que d'autres substances volatiles se meuvent également sur l'eau. On remarquera que Volta n'a rien écrit lui-même sur ce sujet ; on ne connaît ses opinions que par le récit de Frank et de Brugnatelli. Celui-ci rejette l'explication de Volta, et dit s'être pleinement convaincu que l'évaporation du camphre et des autres corps volatils dans l'air ambiant, ne contribue point à leurs mouvements; car, dit-il, ces mouvements ont lieu dans le vide, et l'on ne voit point des poussières très-menues de camphre se mouvoir sur un marbre poli ou sur une glace ; en outre, on ne voit point ces poussières se mouvoir spontanément dans l'air, en les laissant tomber dans un long espace illuminé par les rayons du soleil. Il admet que le mouvement du camphre et de plusieurs autres substances volatiles sur l'eau, dépend du développement rapide et impétueux d'une huile éthérée sur la surface de l'eau, ou d'un liquide analogue à cette huile, laquelle, heurtant contre l'eau, lui imprime du mouvement, ce qui meut le camphre par réaction. Brugnatelli a expérimenté que tous les corps qui contiennent des huiles volatiles se meuvent comme le

---

1. Annali di Chimica , t. I , p. 36.

camphre sur l'eau ; il a observé plus de 600 corps qui lui ont offert le même phénomène ; ces corps ont été empruntés au règne végétal ; c'étaient des fragments de feuilles vertes ou sèches, des bourgeons de plantes, des fragments de graines, etc. Il a vu également que des corps légers imbibés d'alcool se mouvaient sur l'eau, mais pendant peu de temps.

7. En 1797, Bénédict Prévost publia ses recherches sur le même sujet [1]. Rejetant l'idée qui avait porté Romieu à regarder l'électricité comme la cause des mouvements du camphre, il les attribua, comme Volta, à une atmosphère élastique, émanée de cette substance. Cet effluve, éprouvant de la résistance de la part de l'air environnant, et de la part de l'eau, réagit mécaniquement sur la parcelle de camphre, et lui imprime ainsi du mouvement. Prévost prétendit qu'il suffisait de plonger un bâton de cire rouge, un morceau de bougie dans l'eau, et de jeter les gouttes qui se ramassent sur ces corps dans un verre, sur l'eau duquel les fragments de camphre se meuvent pour arrêter leurs mouvements, et qu'un métal ne faisait pas le même effet que la cire. Il vit qu'autour de la parcelle de camphre en mouvement, l'eau s'écarte brusquement et revient ensuite vers elle, et s'en écarte de nouveau comme par explosion dont le recul fait souvent tourner la parcelle de camphre sur elle-même ; il observa, enfin, que le camphre, mis sur des feuilles légères de métal, flottantes sur l'eau, imprime à ces feuilles un mouvement lent. Ainsi que l'avait fait Brugnatelli, B. Prévost expérimenta que toutes les substances odorantes, imprégnant des corps solides légers qui pouvaient flotter sur l'eau, donnaient à ces corps la propriété de se

1. Annales de Chimie, t. XXI, p. 254 ; extrait fait par Fourcroy.

mouvoir sur ce liquide de la même manière que le camphre. Il conclut de là que ces mouvements sont dus à l'émanation, ou au fluide invisible qui est la cause de l'odeur.

8. Fourcroy, auquel est dû cet extrait du mémoire de B. Prévost, a exprimé à la suite l'opinion qui lui est propre : il pense que ces mouvements peuvent être rapportés à l'attraction de la matière odorante tout entière pour l'air et pour l'eau, et à la dissolution qui s'en opère dans l'un et dans l'autre, ou dans les deux à la fois.

9. Dans la même année 1797, se trouve la publication des expériences de Venturi sur le même sujet [1] : cet observateur admit que le camphre placé sur l'eau, émet une vapeur huileuse, qui s'unit à la superficie de l'eau, et que le mouvement des parcelles de camphre n'est que l'effet mécanique de la réaction que cette huile, en s'étendant sur l'eau, exerce contre ce camphre même. C'est la reproduction de la théorie de Brugnatelli.

10. B. Prévost avait annoncé que le camphre s'évapore trente à quarante fois plus vite lorsqu'il est placé à la surface de l'eau que lorsqu'il est abandonné simplement à l'air. Venturi confirma cette vérité par l'expérience suivante : ayant coupé du camphre en colonnes de peu de grosseur, il les plongea verticalement dans l'eau, en laissant émerger leur partie supérieure. Ces colonnes de camphre éprouvèrent, à l'endroit où elles sortaient de l'eau, une vaporisation beaucoup plus rapide que dans le reste de leur étendue située dans l'air, en sorte qu'elles ne tardèrent pas à se couper dans cet endroit. Cette expérience prouve bien évidemment que le contact de l'eau et du camphre détermine chez ce dernier une plus rapide évaporation.

1. Annales de Chimie, t. XXI, p. 262.

11. Vers l'année 1800, Corradori de Prato [1] revit les expériences de B. Prévost et de Venturi. Il admit avec ce dernier que le camphre doit tous ses mouvements à l'expansion d'une huile qui émane de cette substance, et qui est attirée par la surface de l'eau sur laquelle elle s'étend comme le font toutes les huiles. Il prétendit même avoir mis en évidence l'existence de cette huile. Ses expériences fort nombreuses ne sont, au reste, comme sa théorie, que la reproduction de ce qui avait été fait avant lui par Brugnatelli. Corradori nie, contre l'assertion de B. Prévost, que le camphre placé sur une feuille métallique, flottante sur l'eau, lui imprime du mouvement.

12. B. Prévost, dans un nouveau mémoire publié en 1801 [2], soutint l'opinion qu'il avait émise touchant la cause du mouvement du camphre. Je rapporte ici le titre de ce mémoire, parce qu'il est remarquable ; il est intitulé : *Nouvelles expériences sur les mouvements spontanés de diverses substances à l'approche ou au contact les unes des autres.* Dans ce mémoire, B. Prévost fit connaître le mouvement du camphre sur la surface du mercure ; il vit que plus le mercure était sec, plus ce mouvement était vif : il suffisait de ternir la surface de ce métal, en soufflant dessus, pour suspendre le mouvement des parcelles du camphre. Il affirme que le camphre n'émet point une huile dont l'extension à la surface de l'eau soit la cause de son mouvement, ainsi que l'avaient prétendu Brugnatelli, Venturi et Corradori, et il continua de soutenir l'opinion que les mouvements de cette substance sont dus à un fluide invisible qui est la cause de l'odeur, et dont l'expansion frappe l'air

1. Annales de Chimie, t. xxxvii, p. 38.
2. Annales de Chimie, t. xl.

et l'eau qui environnent la parcelle de camphre. Cependant il expérimenta qu'une parcelle de camphre suspendue dans l'air à un fil d'araignée n'éprouve aucun mouvement ; ce fait eût dû lui faire voir que l'émission de la vapeur du camphre dans l'air s'opérait paisiblement et sans cette vive et rapide expansion qu'il était conduit à admettre pour expliquer, par le moyen d'une réaction ou d'un effet de recul, le mouvement des parcelles de camphre à la surface de l'eau et du mercure. Une autre expérience fort remarquable, rapportée également dans ce mémoire, aurait dû contribuer à faire voir à B. Prévost, son auteur, que ce n'était point par une action impulsive, résultat de leur vive expansion, que les vapeurs odorantes imprimaient du mouvement aux corps légers flottants sur l'eau. Il expérimenta, en effet, qu'en mettant flotter à la surface de l'eau contenue dans une assiette des feuilles d'or ou d'étain, ces feuilles offrent des mouvements spontanés lorsqu'on place au-dessus de l'assiette, et à vingt millimètres de distance, une capsule contenant quelques gouttes d'éther. Or, il est évident ici que ce ne sont pas les effluves ou les vapeurs de l'éther qui, en frappant mécaniquement les feuilles métalliques, leur impriment du mouvement ; on ne peut donc attribuer ce dernier qu'à la dissolution de la vapeur éthérée par l'eau, dissolution qui occasionne dans l'eau un mouvement auquel participent les feuilles métalliques flottantes. B. Prévost ne fit point cependant ces réflexions ; il ne tira point ces conclusions de cette expérience, qui se trouve placée par lui à côté de ses expériences sur le mouvement du camphre et des autres corps volatils et odorants sur la surface de l'eau, rapprochement qui atteste qu'il voyait cependant de l'analogie entre ces phénomènes. A la suite de ces expériences, B. Prévost en rapporte d'autres qui sont fort remarquables, sur la propriété singulière que possèdent certains liquides hétérogènes de se repousser l'un l'autre, lorsque l'un d'eux étant étendu en couche mince sur la surface d'une glace ou sur le fond d'une assiette, une goutte de l'autre liquide est déposée sur le premier. Alors on voit le liquide étendu en couche mince s'écarter circulairement de l'endroit où a été déposée la goutte, comme s'il était repoussé. C'est par ce mode d'expérimentation qu'il vit que l'éther repousse l'alcool ; que l'alcool repousse certaines huiles essentielles ; que certaines huiles essentielles se repoussent l'une l'autre ; que les huiles essentielles repoussent les huiles fixes ; que l'eau repousse les solutions salines ; que certaines solutions salines se repoussent l'une l'autre ; que l'eau gommée et l'eau de savon repoussent l'eau pure ; que l'alcool repousse la solution de potasse caustique ; enfin, que l'eau qui a touché ou imbibé des corps organiques et qui, par conséquent, a dissous quelques-uns de leurs principes, repousse l'eau pure. Il dit aussi qu'une baguette de verre huilée et essuyée à plusieurs reprises fait fortement écarter la mince couche d'eau avec laquelle on la met en contact.

13. On voit, par cet exposé, que B. Prévost rassemble dans le même mémoire et sous le même titre ses expériences sur les mouvements du camphre et ses observations sur l'action répulsive que certains liquides exercent les uns sur les autres, sans exprimer qu'il soupçonne de l'analogie entre ces phénomènes. Ce soupçon, s'il a existé dans son esprit, ne ressort pour nous que de la réunion de ces divers phénomènes sous un même titre. Ici, comme nous le verrons plus bas, B. Prévost a été instinctivement porté vers la vérité, sans cependant l'apercevoir.

14. En 1803, Corradori publia un second Mémoire [1] en réponse aux objections de B. Prévost. Il y continua de soutenir que le camphre placé sur l'eau y émet une huile dont l'extension sur la surface de l'eau et sur celle du mercure serait la cause de la répulsion des corps légers flottant sur ces surfaces, comme elle serait la cause des mouvements du camphre lui-même. Si la plus petite quantité d'huile déposée sur l'eau où le camphre se meut fait cesser son mouvement, cela proviendrait de ce que l'huile s'empare de la surface de l'eau qu'elle recouvre et dont elle interdit ainsi le contact à l'huile supposée émaner du camphre.

15. Je n'ai point voulu interrompre l'exposé des discussions qui ont eu lieu entre B. Prévost et Corradori; c'est pour cela que j'ai remis à parler d'expériences faites en 1801, sur le même objet, par M. Biot, et qui se trouvent rapportées dans l'ancien *Bulletin des Sciences de la Société Philomatique* (tom. 3, pag. 42). Ce fut à l'occasion des observatious de B. Prévost que M. Biot fit ses expériences. Il expérimenta que des feuilles d'or flottantes sur l'eau recevaient un mouvement de répulsion par la simple approche d'un morceau de camphre, qui cependant ne touchait point l'eau. Ayant approché un petit morceau de camphre d'une couche d'eau très-mince étendue sur une assiette de porcelaine, sans toucher cette couche d'eau, celle-ci s'écarta en forme de cercle concentrique. Il expérimenta qu'un petit morceau d'éponge imbibé d'éther, mis à la surface de l'eau, s'y mettait en mouvement comme le camphre, et que l'on entendait alors un sifflement pareil à celui de l'eau qui se vaporise sur un fer chaud; on voyait de petits jets sortir de l'éponge et s'étendre sur la surface de l'eau; c'étaient ces

1. Annales de Chimie, t. **XLVIII**, p. **172**.

petits jets qui, par un effet de réaction, faisaient mouvoir l'éponge. M. Biot conclut de ces expériences que le camphre se meut snr l'eau par un effet de réaction mécanique dû à l'émission de sa vapeur, et en raison de la résistance que cette vapeur éprouve en s'élançant contre le liquide qui l'environne. M. Biot a reproduit récemment cette théorie, dans une discussion que j'ai eue avec lui dans le sein de l'Académie des Sciences, dans sa séance du 12 avril 1841, et à propos d'une observation qui m'est propre et que j'exposerai plus bas.

On voit par là que M. Biot n'a fait que reproduire la théorie de Volta et de B. Prévost.

16. Postérieurement au dernier Mémoire de Corradori, il n'a paru aucun nouveau travail sur les phénomènes dont il est ici question, jusqu'aux observations que Serullas a publiées en 1820 [1], observations qui ont pour objet principal l'étude des mouvements des différents alliages de potassium au contact de l'eau. Serullas allia le potassium et le sodium, soit au bismuth, soit au plomb, soit à l'étain, soit au fer, soit à l'antimoine, et il découvrit que les petits fragments de chacun de ces alliages, placés sur une légère couche d'eau recouvrant du mercure, y prenaient de vifs mouvements spontanés, tout à fait semblables à ceux que présente le camphre à la surface de l'eau. Recherchant la cause de ce phénomène, il crut voir qu'elle était due à la décomposition de l'eau par le potassium qui s'empare de l'oxigène et dégage l'hydrogène à l'état de gaz. Chaque fragment d'alliage opère cette décomposition, et sa progression sur l'eau a toujours lieu dans le sens opposé au point où se trouve le plus fort dégagement de gaz hydro-

1. Journal de Physique, t. XCI, p. 172.

gène, en sorte que cette observation semble prouver d'une manière péremptoire que c'est de là que part l'impulsion. Scrullas admit ainsi que c'était l'effluve de gaz hydrogène émané du petit fragment d'alliage, effluve qui, rencontrant de la résistance, soit de la part de l'eau, soit de la part de l'air, réagissait sur le petit fragment d'alliage et lui imprimait ainsi du mouvement. L'analogie le porta à admettre que c'était de même par un effluve de sa propre substance que le camphre frappait l'eau ou l'air qui l'environnaient, et que c'était là la cause de son mouvement sur la surface de l'eau. C'est la reproduction de la théorie de Volta et de B. Prévost. Scrullas observa que le mouvement spontané des différents alliages, dont il est ici question, avait lieu sous l'eau comme à la surface.

17. Il paraît que ces théories explicatives des mouvements du camphre ne satisfirent pas tous les physiciens, puisque de nouvelles vues furent publiées sur ce sujet, en 1833, par M. Matteucci [1]. Ce physicien modifie un peu, en les combinant, les idées de ceux qui s'étaient occupés avant lui de ce même phénomène. Il admet que c'est uniquement à l'évaporation du camphre et à sa dissolution dans les couches d'eau qui les environnent qu'on doit attribuer la cause de son mouvement. Quant au mouvement que prennent en brûlant sur l'eau les fragments de potassium, M. Matteucci pense qu'il trouve sa cause à la fois dans le dégagement de gaz hydrogène et dans la production de vapeur d'eau. Il mit du camphre en gros morceaux dans un verre d'eau, sous la cloche pneumatique; les mouvements, qui étaient très-lents, devinrent plus rapides, et ils s'arrêtèrent lorsqu'on cessa de faire le vide. Lorsqu'on fit

----

1. Annales de Chimie et de Physique, t. LIII, p. 216.

rentrer l'air, la rotation du camphre eut lieu encore pendant quelques instants, ce qui fut attribué à l'agitation que l'air avait produite en rentrant. De ces diverses expériences M. Matteucci tire la conclusion suivante : *Il est donc bien prouvé, ce me semble, que c'est aux courants des vapeurs des substances volatiles qu'est due leur rotation.*

18. Tel était l'état de la science sur la question de savoir à quelle cause devaient être rapportés les mouvements du camphre et de certains autres corps volatils à la surface de l'eau, lorsque en 1840 j'entrepris de nouvelles recherches sur cet objet. Je communiquai les résultats de mes observations à l'Académie des sciences [1], dans un mémoire dont je ne donnerai point ici l'analyse, parce que je vais exposer dans le présent ouvrage tout ce que j'ai jugé à propos de conserver de ce premier travail publié avec trop de précipitation. Dans l'exposé que je vais faire ici de mes recherches, je suivrai une marche tout à fait différente de celle que j'ai suivie précédemment. Ce n'est point par l'étude du camphre que je vais commencer, mais par l'étude d'autres phénomènes physiques qui nous dévoileront l'existence et le mécanisme de la force particulière à laquelle sont dus ses mouvements.

19. Serullas, en comparant les mouvements du camphre sur l'eau à ceux des fragments d'alliage d'antimoine et de potassium à la surface du mercure recouvert d'eau, ne pensait pas qu'il y eût la moindre ressemblance dans la cause efficiente de ces mouvements ; il ne voyait là qu'une analogie de mécanisme consistant de part et d'autre dans l'action impulsive d'un effluve sur le liquide qui environnait le

---

1. Voyez le Compte rendu des séances de l'Académie des Sciences, des 4, 11 et 18 janvier 1841.

corps en mouvement par réaction. Or, cette théorie de Serullas, relativement au mouvement spontané des fragments
d'alliage d'antimoine et de potassium, a été contredite plus
tard par W. Herschel, qui, ainsi qu'on le verra plus bas, a
considéré ces mouvements comme étant dus à certains courants produits à la surface du mercure par l'électricité. Ces
courants, qui ont lieu dans les liquides aqueux qui recouvrent le mercure et sous l'influence de l'électricité voltaïque,
entraînent vivement ces liquides dans des directions déterminées ; ils ont été étudiés par Ermann, par W. Herschel,
par Nobili, par Pfaff, etc. Je les ai soumis à une nouvelle
étude. J'ai vu que ces mouvements sont dus à la même force
que celle qui meut sur le mercure recouvert d'eau les fragments d'alliage d'antimoine et de potassium, ainsi que le
pensait W. Herschel, et de plus, j'ai vu que les mouvements
de ces fragments d'alliage sont dus à la même force que
celle qui meut le camphre sur l'eau, en sorte qu'il n'y a
plus ici une simple analogie dans le mécanisme de l'action
motrice, ainsi que le pensait Serullas ; il y a identité de
cette action motrice elle-même, ou de la force qui produit
le mouvement. Il résulte de là que de nombreux phénomènes qui semblaient n'avoir rien de commun, se trouvent
liés par une similitude fondamentale. Des mouvements
produits sur l'eau par des corps huileux et par le camphre,
je passe aux mouvements produits sur le mercure recouvert d'eau, par les fragments d'alliage d'antimoine et de
potassium, et de ceux-ci aux mouvements produits par le
moyen de l'électricité voltaïque, sur le mercure recouvert
de liquides aqueux. Partout je vois les effets d'une même
force dont la spécialité est nouvelle en physique, et dont
l'existence avait été soupçonnée par W. Herschel, lorsque,
après avoir tenté d'expliquer les mouvements produits par

l'électricité voltaïque sur le mercure recouvert de liquides aqueux, à l'aide de causes hypothétiques fondées sur la difficulté présumée du passage de l'électricité du liquide aqueux au liquide métallique, et avoir reconnu que cette explication est remplie de difficultés, il ajoute [1] : « Il se « présente sans doute une autre manière de voir ; c'est de « considérer l'action qui a lieu à la surface commune des « deux milieux inégalement conducteurs, comme *sui ge-* « *neris*, et dépendante d'un nouveau pouvoir du courant « électrique d'une nature ayant quelque analogie avec « l'action magnétique et peut-être en résultant ; mais « dans l'état actuel de nos connaissances, ce serait une hy- « pothèse aussi hardie que vague. Mais, quoi qu'il en soit, « les phénomènes sont certainement intéressants et pro- « mettent une ample matière à des recherches futures. »

20. Spécialement adonné à l'étude des phénomènes de la vie, je ne me suis occupé de recherches appartenant à la physique proprement dite, qu'autant que j'ai vu que les objets de ces recherches se rattachaient à la physiologie et pouvaient l'éclairer. La physiologie, dans ma manière de voir, est une physique spéciale qui doit entrer un jour dans le domaine de la physique générale : c'est ce qui arrivera lorsque certaines forces qui nous sont encore inconnues seront mises en lumière. J'ai déjà fait connaître une de ces forces nouvelles dans mon travail sur l'endosmose, force ou agent de mouvement à la fois physique et physiologique. La force épipolique dont je m'occupe dans ce nouveau travail, est un autre et nouvel agent de mouvement, tant dans le domaine de la physique que dans celui de la physiologie. J'ai entrevu l'existence de cette force nouvelle dès mes

1. Annales de Chimie et de Physique, t. XXVII, p. 312.

premières observations sur les mouvements du camphre à la surface de l'eau ; mais je me suis trop pressé de publier mes idées. Lorsqu'on a la conscience que l'on se trouve dans une route nouvelle, dans une région inexplorée, rien ne paraît plus étrange, car l'étrange n'est que ce qui n'a jamais frappé nos yeux. Il est donc possible alors, il est alors pardonnable d'adopter des vues, de percevoir intellectuellement des rapports que réprouverait une sévère raison, appuyée seulement sur ce qui est connu. Si donc, dans mon travail précédent sur la cause des mouvements du camphre, travail qui a été l'occasion de celui que je présente ici, je me suis laissé entraîner par quelques-unes de ces illusions qu'il est bien difficile d'éviter lorsque, en entrant dans une région nouvelle, on ne fait qu'entrevoir indistinctement les objets, je trouverai mon excuse dans la nouveauté même de l'ordre de phénomènes physiques dont je poursuis ici l'étude.

CHAPITRE II.

De la Force épipolique.

21. Lorsqu'un liquide touche un solide, tantôt il adhère
à sa surface ou il le mouille, et tantôt il refuse de lui adhérer
ou il ne le mouille pas. Le liquide qui mouille un solide
demeure adhérent en couche extrêmement mince à sa surface. Ce dernier phénomène est généralement considéré
par les physiciens comme dépendant de l'attraction générale des parties de la matière ; c'est à lui que se rattachent
les phénomènes de l'attraction capillaire. L'observation la
plus vulgaire apprend que l'eau refuse de mouiller les solides
gras ou résineux. Il y a donc, dans les rapports respectifs
des liquides et des solides, sous le point de vue de la propriété de mouiller ou d'être mouillés, tantôt développement
d'une force attractive, tantôt développement d'une force
répulsive, et ces deux forces n'agissent de même qu'au
contact, ce par quoi elles semblent se rapprocher des forces
qui président aux affinités chimiques. Effectivement tout
liquide mouille facilement le corps solide qu'il est susceptible de dissoudre, mais l'inverse ne s'observe pas toujours.
Ainsi, par exemple, l'eau mouille facilement une foule de

solides minéraux qu'elle ne dissout point du tout, et elle refuse de mouiller les corps gras ou huileux qu'elle peut dissoudre en faible proportion. Les liquides hydrogénés combustibles, tels que les huiles fixes ou essentielles, l'alcool, etc., mouillent sans difficulté tous les corps solides lorsqu'ils sont secs, et la plupart du temps ils ne dissolvent point du tout ces corps. La propriété de mouiller ou de ne pas mouiller est donc indépendante, jusqu'à un certain point, de la propriété dissolvante des liquides pour les solides ou de leur affinité réciproque. Il faut donc nécessairement reconnaître ici l'existence d'une force particulière douée des deux modes de l'attraction et de la répulsion, et cela suivant les rapports respectifs des liquides et des solides. Les effets de cette force se font également sentir entre les liquides, lesquels sont miscibles ou non miscibles, suivant que leurs molécules s'attirent ou se repoussent : c'est ainsi que l'huile et l'eau ne se mêlent point ; leurs surfaces contiguës semblent se repousser. Les liquides alcooliques, quoique miscibles à l'eau, offrent cependant des phénomènes très-sensibles de répulsion, au premier contact de leur surface avec celle de ce dernier liquide ; enfin, nous verrons ces mêmes phénomènes de répulsion se manifester encore, quoique d'une manière moins marquée, au contact réciproque de tous les liquides aqueux hétérogènes.

22. Le mercure, lorsqu'il est pur, ne tend point du tout à adhérer à la surface du verre bien exempt de tout enduit gras ; lorsqu'il est placé sous forme de globule, sur sa surface, il y conserve invariablement cette forme sphérique, altérée seulement par l'effet de sa pesanteur. Il n'en est plus de même lorsque le mercure est impur ; alors il adhère à la surface du verre, il le mouille, et lorsqu'on le fait couler

sur cette surface, il y laisse une traînée ou *une queue* adhérente. L'action d'une chaleur élevée détermine également le mercure à mouiller le verre, ce qui, à mon avis, ne doit point être attribué à ce que le mercure et le verre sont alors devenus parfaitement secs, mais bien à ce que la chaleur élevée a apporté un changement dans la force inconnue qui, auparavant, s'opposait à l'adhérence mutuelle de ces deux corps. Nous verrons, en effet, plus bas, l'électricité produire un effet analogue sur du mercure recouvert d'un liquide aqueux (192).

23. Nous devons donc reconnaître qu'il existe à la surface des corps, tant solides que liquides, une force particulière qui n'agit à nos yeux que lors du contact des liquides et des solides, ou lors du contact des liquides entre eux, et qui les détermine à accepter avec plus ou moins de facilité et de rapidité, ou à refuser une union intime par leurs surfaces contiguës. Ce phénomène qui, par son extrême vulgarité, semble avoir écarté toute attention sérieuse, est cependant digne des plus hautes méditations des philosophes. On va voir, en effet, que la force dont il est ici question, et qui ordinairement est en quelque sorte une force morte, peut dans certaines circonstances devenir force vive et motrice; on la voit alors donner naissance à des phénomènes très-remarquables, desquels quelques-uns ont déjà été étudiés par les physiciens, mais ils les ont rapportés à d'autres causes. Conduit par mes recherches à déterminer les phénomènes qui dépendent de cette nouvelle force motrice, j'ai dû lui imposer un nom particulier : j'ai choisi celui de force *épipolique* [1]; nom qui indique seulement que cette force

---

1. Ce mot est dérivé du mot grec ἐπιπολή, surface.

réside dans les rapports mutuels des surfaces des corps, sans rien préjuger sur sa nature.

24. Lorsque la faculté de mouiller existe, ou lorsque la force épipolique attractive se développe au contact d'un solide et d'un liquide, ce dernier, déposé en petite masse sur un point de la surface du solide, tend naturellement à s'étendre en couche *mouillante*, c'est-à-dire très-mince, sur cette surface ; il présente ainsi un mouvement de progression circulaire. La cause de cette progression pourra paraître la même que celle qui donne aux liquides un mouvement de progression ascendante dans les tubes capillaires. Ainsi, la force que je nomme *épipolique* serait la même que la force capillaire. Je déclare que je penche vers cette opinion ; toutefois, cette force , si effectivement elle est la même, offre, sur les surfaces planes , des phénomènes tellement différents de ceux qu'elle présente à la surface intérieure des tubes capillaires, qu'il faudra nécessairement la considérer comme offrant deux modifications distinctes, ou bien comme ayant deux manières différentes d'agir : à ce titre, la distinction de la force capillaire et de la force épipolique devra toujours subsister.

25. La progression circulaire d'une goutte liquide sur la surface d'un solide qu'elle peut mouiller, est d'autant plus facile que la surface du solide est plus polie et que le liquide est moins visqueux. Si ce liquide est aqueux, il faut que la surface du solide soit complétement exempte d'enduit gras, ce qui n'est pas très facile à obtenir. Prenons pour exemple la surface polie d'une lame de verre ou d'une glace. Cette surface polie que le contact des mains de l'homme ou l'opération du polissage auront enduite de corps gras, se laisse très-difficilement mouiller par l'eau ; une goutte de ce liquide déposée doucement sur cette surface y conserve sa

forme hémisphérique, et refuse de s'y étendre en couche mouillante. Si on lave avec soin cette surface avec de l'ammoniaque pour enlever les corps gras dont elle est enduite, et qu'après l'avoir ensuite lavée avec de l'eau pure on la laisse sécher, une goutte d'eau déposée sur cette surface n'y conservera plus aussi exactement sa forme hémisphérique ; elle tendra un peu à s'étendre en envahissant la surface polie sur laquelle elle est déposée, mais ce mouvement de progression sera faible et très-borné ; la goutte, en définitive, ne s'étendra point sur la surface du verre en couche mince et mouillante. Si au lieu d'une goutte d'eau, on emploie une goutte d'alcool, cette goutte s'étendra rapidement sur la surface du verre en couche mouillante, et cela en présentant des phénomènes qui seront décrits plus bas. Il existe donc, sur la surface polie du verre, un obstacle à l'extension mouillante de l'eau, obstacle qui n'existe pas pour l'alcool ; si l'on se sert d'une surface de verre dépolie et bien lavée de même par l'ammoniaque pour la débarrasser de tout enduit gras, on trouve qu'étant sèche, elle oppose encore plus d'obstacle à l'extension d'une goutte d'eau sur sa surface, que ne le fait la surface du verre lorsqu'elle est polie ; cette goutte d'eau déposée doucement sur cette surface dépolie et sèche, y conserve invariablement sa forme hémisphérique, et s'évapore dans cette situation sans avoir fait, très-souvent, la moindre tentative d'extension. Cependant cette goutte mouille bien la partie de la surface sur laquelle elle est déposée ; il n'y a point là de force épipolique répulsive, il y a seulement obstacle mécanique au mouvement d'extension de la goutte d'eau, par le fait du défaut de poli de la surface. Aussi une goutte d'alcool déposée sur cette surface sèche et dépolie s'y étend-elle moins promptement, moins régulièrement et moins loin qu'elle ne le fait sur une surface de verre polie.

26. On peut penser que malgré le lavage le plus soigneux avec des liquides susceptibles de dissoudre les corps gras, il resterait toujours un faible enduit de ces corps à la surface du verre, et que ce serait à cela que serait due la difficulté qu'éprouve toujours l'eau à mouiller la surface polie du verre. Pour éclaircir ce doute, il me fallait avoir une surface de verre *neuve*, pour ainsi dire, ou qui n'eût jamais subi le contact d'aucun corps solide ou liquide. Le moyen le plus sûr de me procurer cette surface, était de casser une masse de verre ou de cristal : on sait que généralement la cassure du verre offre un poli parfait. J'ai donc cassé, à coups de masse de fer, des morceaux de cristal de deux à trois centimètres d'épaisseur, et je me suis ainsi procuré des fragments dont les cassures offraient des surfaces plus ou moins planes, parfaitement polies et *neuves* dans toute la rigueur de l'acception que je donne ici à cette expression. Une gouttelette d'eau suspendue à une petite tige de verre bien propre, fut déposée sur une de ces *surfaces neuves;* elle envahit à l'instant la surface du verre, en l'enduisant de sa couche mouillante, et cessa d'être aperçue, se confondant avec cette surface par son poli. Lorsque je jugeai que cette couche mouillante avait été enlevée par l'évaporation, je déposai une nouvelle gouttelette d'eau sur la même surface; cette fois la gouttelette d'eau conserva sa formé hémisphérique, et ne manifesta plus aucune tendance à s'étendre spontanément sur la surface du verre. Il s'était donc opéré une modification dans la force épipolique de cette surface, dans cette force en vertu de laquelle la *surface neuve* s'était montrée éminemment apte à être mouillée par l'eau, et tellement que celle-ci l'avait spontanément et rapidement envahie, effet qui ne se reproduisait plus la seconde fois. J'avais employé de l'eau de source pour cette expérience ; cette eau, chargée de carbonate de chaux, avait laissé nécessairement sur la surface un enduit calcaire en s'évaporant. Cet enduit, bien qu'impossible à apercevoir, pouvait être la cause du défaut d'extension de la seconde goutte d'eau sur la surface du verre. Je répétai donc cette expérience sur une autre surface de verre *neuve*, en employant de l'eau distillée, et j'obtins exactement les mêmes résultats, qui se présentèrent également à moi dans plusieurs autres expériences.

27. Ainsi, il me fut bien démontré que la surface polie du verre possède, lorsqu'elle est *neuve*, une force épipolique énergique, en vertu de laquelle l'eau s'étend sur elle en couche mouillante, d'une extrême minceur, et que cette surface ayant été ainsi mouillée une fois par l'eau, laquelle a été ensuite évaporée, sa force épipolique se trouve modifiée au point que l'eau ne s'y étend plus spontanément en couche mouillante ; il faut alors, pour déterminer l'eau à mouiller cette surface qui n'est plus *neuve*, l'étendre dessus mécaniquement. L'adhésion de l'eau à la surface du verre se fait alors sans difficulté. Ainsi la force épipolique qui attire l'eau existe encore ; seulement, elle est diminuée d'énergie, au point de ne pouvoir plus déterminer la goutte d'eau à envahir spontanément la surface du verre, ainsi que cela avait eu lieu la première fois, lorsque cette surface était *neuve*. J'ai expérimenté qu'une gouttelette de solution, saturée de sel marin, déposée sur une surface *neuve* de verre, s'y étend spontanément en couche mouillante, comme le ferait une goutte d'eau ; ainsi, cette surface *neuve* est bien loin de tendre à repousser cette solution saline. Or, lorsque cette surface de verre étant *neuve* a été mouillée par de l'eau distillée ou par de l'eau de source, et qu'elle a ensuite été séchée, non-seulement la goutte de

solution saturée de sel marin ne s'étend plus spontanément sur elle en couche mouillante, mais il est devenu extrêmement difficile de la déterminer à adhérer à cette surface, en l'étendant artificiellement dessus ; la surface du verre exerce véritablement alors sur cette solution une action répulsive, analogue à celle qu'exercerait la surface d'un corps gras, et cependant, on ne peut pas soupçonner que l'eau, en s'évaporant, ait laissé ici aucun corps gras sur cette surface. J'ai expérimenté également qu'une surface de verre *neuve*, ayant reçu une goutte d'ammoniaque, laquelle, après avoir envahi spontanément cette surface, s'était évaporée, présenta les mêmes phénomènes que si elle avait été mouillée par de l'eau pure. Une gouttelette d'eau distillée, déposée sur cette surface qui n'était plus *neuve* ne s'y étendit point spontanément en couche mouillante. J'ai expérimenté qu'il suffit de frotter légèrement une surface de verre *neuve* avec un linge sec, et en apparence bien propre, pour que la goutte d'eau déposée sur cette surface ne s'y étende point spontanément.

28. J'ai conservé, dans un tiroir très-propre, six de ces fragments de cristal, dont quelques-unes des surfaces étaient *neuves ;* ils étaient seuls dans ce tiroir, et leurs surfaces *neuves* n'étaient en contact qu'avec l'air. Au bout de quatre jours, les ayant mises en expérience, j'ai trouvé que toutes ces surfaces *neuves* avaient perdu leur force épipolique primitive, en sorte qu'une goutte d'eau, déposée dessus, y conservait sa forme hémisphérique sans manifester aucune tendance à s'y étendre spontanément. On peut penser que des émanations organiques, toujours répandues dans l'air des appartements habités, s'étaient condensées et fixées, d'une manière inaperçue, sur ces surfaces de verre, et leur avaient ainsi fait perdre leur force épipolique naturelle.

29. Il résulte de ces expériences que les surfaces de verre *neuves* ont toujours une force épipolique telle, que les liquides aqueux, déposés sous forme de goutte sur ces surfaces, s'y étendent rapidement en une couche d'une extrême minceur. Cette force épipolique du verre offre ainsi, par rapport à l'eau, une direction inverse de celle qui est offerte par la surface des corps gras ou résineux sur lesquels une goutte d'eau refuse de s'étendre, et qu'elle refuse même de mouiller, conservant sur ces corps une forme hémisphérique, et quelquefois presque globuleuse, qui atteste qu'elle est soumise à l'action d'une force coercitive dont la direction, inverse de celle qui existe à la surface du verre lorsqu'elle est *neuve*, est centripète, par rapport à la goutte d'eau.

30. Les surfaces de verres, telles qu'elles sont généralement à notre disposition, ne sont jamais *neuves*, elles ont perdu une partie de leur force épipolique naturelle et primitive. Très-souvent elles ont reçu un enduit gras par le contact des mains de l'homme ou autrement. Il est essentiel de les débarrasser de cet enduit étranger pour les employer aux expériences relatives à la force épipolique. Pour cet effet il faut laver la surface du verre d'abord avec de l'acide sulfurique concentré ou avec de l'ammoniaque liquide ; ensuite laver cette surface à grande eau, puis la laisser sécher dans une situation inclinée afin que la majeure partie de l'eau qui la mouille puisse s'écouler. De cette manière on peut être assuré que la surface du verre ne retient point d'enduit gras. Alors elle se laisse assez facilement mouiller par l'eau. Ces précautions ne sont pas nécessaires lorsqu'on veut déposer sur la surface du verre des liquides hydrogénés combustibles, tels que l'alcool ou des huiles essentielles qui mouillent toujours facilement la surface du verre.

31. La surface des métaux polis se laisse ordinairement très difficilement mouiller par l'eau. Cela tient à ce que, dans l'opération du polissage, ils ont été enduits de corps gras dont il est assez difficile de les dépouiller. On y parvient cependant à l'aide de lotions alcalines répétées. On voit alors que ces surfaces métalliques ne refusent plus du tout de se laisser mouiller par l'eau que l'on étend sur elles sans difficulté. Les surfaces polies des métaux solides possèdent donc la même force épipolique que la surface du verre ; il n'en est pas de même de la surface du mercure. Ce métal liquide refuse constamment de se laisser mouiller par l'eau, et cela même lorsque nouvellement distillé et ayant sa surface parfaitement nette on ne peut soupçonner qu'il possède un enduit gras. On peut cependant parvenir à le couvrir d'une mince couche d'eau, mais elle ne lui adhère que très-faiblement. C'est ainsi qu'on peut parvenir à couvrir une surface vernie d'une même couche d'eau qui lui adhère à peine. La surface du mercure possède donc la même force épipolique que la surface des corps gras ou résineux. C'est apparemment une conséquence de l'état liquide de ce métal, qui possède ainsi une force épipolique inverse de celle que possèdent les métaux solides.

32. Les surfaces qui possèdent l'une ou l'autre des deux forces épipoliques propres l'une au verre et l'autre aux corps gras et résineux, ne manifestent cette différence que par rapport aux liquides aqueux. Ces surfaces, dont la force épipolique est différente, ont cela de commun qu'elles se laissent également bien mouiller par les liquides hydrogénés combustibles, tels que l'alcool, les huiles, etc. Ce sont même ces liquides qui offrent le mieux les phénomènes de mouvement produits par la force épipolique. Une goutte d'eau déposée sur une lame de verre bien dépourvue de tout enduit gras, et sèche, tend fort peu à s'y étendre ; c'est une conséquence de ce que cette surface n'est plus *neuve ;* elle a perdu une partie de sa force épipolique , force qui , sur la surface *neuve* du verre, étendait rapidement l'eau en couche mouillante d'une minceur extrême. Or si l'on dépose une goutte d'alcool sur cette lame de verre sèche, on voit cette goutte s'étendre circulairement sous forme d'une couche mouillante extrêmement mince et former ainsi une aire circulaire dont la circonférence offre un rebord ou un orle plus épais, lequel se divise aussitôt en globules liquides séparés. Ce mouvement d'expansion est de courte durée ; il cesse brusquement, et le liquide regagne le centre où reste une gouttelette d'eau qui était associée à l'acool, lequel est entièrement évaporé. La même expérience faite sur une surface d'argent poli m'a donné les mêmes résultats. Mais c'est surtout sur la surface du mercure que cette expérience est remarquable. Cette surface a sur les précédentes les deux avantages d'offrir le poli le plus parfait qui puisse exister et d'être mobile , double condition qui permet au phénomène de mouvement dont il s'agit , de s'exécuter sans aucun obstacle. Une goutte d'alcool étant déposée doucement sur cette surface métallique, on la voit s'étendre circulairement, et en même temps elle se meut en tournant sur elle-même très-lentement. La couche mince qu'elle forme représente une aire circulaire dont la circonférence offre un orle qui ne tarde pas à se diviser en globules séparés, lesquels prennent la forme hémisphérique (*figure* 1). Cette goutte, atteint son maximum d'extension par un mouvement vif et saccadé qui annonce et précède la fin de cette extension à laquelle succède immédiatement un rapide mouvement de concentration.

33. L'huile essentielle de térébenthine offre les mêmes

phénomènes sur la surface du mercure et sur la surface polie de l'argent et du verre.

34. Je ne doute point que les mêmes phénomènes ne puissent être offerts par l'eau pure déposée, sous forme de goutte, sur une surface *neuve* de verre. J'en juge par la rapidité avec laquelle cette goutte s'étend sur cette surface *neuve*. Malheureusement je n'ai pu me procurer de ces surfaces *neuves* qui fussent assez étendues et assez planes pour que ces phénomènes, dus à la force épipolique, pussent être observés.

35. On remarquera, en jetant les yeux sur ce phénomène de mouvement, que la force qui le produit part incessamment du centre de l'aire circulaire, en sorte que la partie du liquide qui se trouve à la circonférence, est poussée *a tergo*, et forcée de se gonfler en orle à la circonférence de l'aire circulaire, au centre de laquelle la couche du liquide s'amincit. On peut s'assurer de ce dernier fait de la manière la plus évidente, en déposant une goutte d'acide acétique pur sur une lame de verre sèche et dépouillée d'enduit gras. Cette goutte s'étend sur la surface polie du verre bien plus lentement et moins loin que ne le fait l'alcool. On voit alors sans difficulté que la circonférence de l'aire qu'elle occupe dans son extension est gonflée en orle ou rebord épais, et que le centre de cette aire est déprimé et forme une concavité ; en sorte qu'en regardant par transparence, au travers de cette goutte, des objets situés au-dessous de la lame de verre, on les voit rapetissés, effet semblable à celui qui serait produit par un verre concave. Il y a donc ici développement d'une force épipolique centrifuge. Il est bien évident, en effet, que cette progression circulaire du liquide n'est point produite par l'attraction que la surface polie exercerait de toutes parts

sur ce liquide, puisqu'il éprouve, au contraire, de la résistance à sa progression, résistance par suite de laquelle il se gonfle en orle à la circonférence, ce qui atteste qu'il reçoit une impulsion venant du centre.

35. Le métylène, ou esprit de bois, m'a offert les mêmes phénomènes que l'alcool.

36. Une goutte d'éther sulfurique, déposée sur une lame de verre, ou sur la surface du mercure, s'est comportée, dans ces expériences, comme l'alcool ; mais il n'en a pas été de même en faisant usage d'une surface d'argent bien polie ; l'éther n'a point éprouvé d'extension centrifuge sur cette surface métallique, ainsi que cela m'avait été présenté par l'alcool. Ce fait est un de ceux qui prouvent que la force épipolique se met en action avec bien plus d'énergie à la surface du mercure qu'à la surface d'un métal solide poli. Il paraît qu'en général les surfaces des corps liquides sont les plus éminemment propres au développement de l'action de cette force.

37. Ce n'est que chez les liquides combustibles volatils et chez l'acide acétique pur que j'ai observé la propriété d'opérer une extension épipolique centrifuge sur la surface sèche du verre ; je ne pense pas que cela tienne à la volatilité de ces liquides, car l'ammoniaque et le chlore liquides, quoique très-volatils, ne présentent point ce phénomène.

38. Runge[1] a observé qu'une goutte d'acide nitrique, déposée sur la surface du mercure, s'y étend circulairement. J'ai répété cette expérience : à peine la goutte d'acide nitrique est-elle déposée sur la surface sèche du mercure, qu'elle y prend un vif mouvement d'extension centrifuge. L'aire circulaire qu'occupe cette goutte étendue en couche mince est

---

[1]. Bibliothèque universelle de Genève, t. **XLIV**, p. 238.

bordée par un orle épais de ce liquide, lequel est ainsi projeté en majeure partie vers la circonférence comme s'il était poussé par une force venant du centre. Cette extension centrifuge ne dure qu'un instant; elle s'opère comme par une explosion à la suite de laquelle l'acide revient brusquement vers le centre. Ce phénomène est accompagné par un abondant dégagement de bulles de gaz provenant de la décomposition d'une partie de l'acide nitrique, qui cède son oxygène au mercure. Ce dégagement de gaz continue à être abondant après la cessation du mouvement centrifuge; ce n'est donc pas ce dégagement de gaz qui est la cause de cette extension; la parfaite similitude de ce phénomène de mouvement centrifuge avec les phénomènes de pareil mouvement, exposés ci-dessus, ne permet pas de douter de l'identité de leur cause, c'est-à-dire que tous ces phénomènes ne soient également dus au développement subit et toujours de courte durée de la force épipolique centrifuge; et, en effet, une goutte d'acide sulfurique pur et concentré, déposée sur la surface sèche du mercure pur, offre un phénomène analogue quoiqu'il n'y ait point alors de dégagement de bulles de gaz. La goutte de cet acide s'étend sur la surface du mercure sous forme d'une aire circulaire ayant la circonférence occupée par un orle épais duquel se détachent en dedans beaucoup de petits globules liquides qui s'isolent de l'acide et se réunissent en globules plus gros, lesquels demeurent de même isolés de l'acide, comme on le voit dans la figure 2. Les petits globules, avant de se détacher de la circonférence de l'aire, y tiennent encore pendant un instant au moyen d'une sorte de pédicule, comme on le voit dans la figure: ces globules se réunissent de manière à former des petites masses arrondies, *a, a,* autour desquelles se forment de nouveaux globules liquides de la même manière qu'à la circonférence de l'aire. Ces globules liquides et les masses arrondies qu'ils forment par leur réunion me paraissent devoir être du sulfate de protoxyde de mercure en dissolution dans un excès d'acide. Le fait de l'extension d'une goutte d'acide sulfurique sur le mercure a été annoncé pour la première fois par Ermann [1], mais sans les détails que je viens de donner.

39. Une goutte d'acide hydrochlorique, déposée sur la surface du mercure, y conserve sa forme hémisphérique; elle n'offre aucune tendance à s'étendre sur cette surface par un mouvement centrifuge. La cause de l'absence de ce phénomène est ici facile à saisir. Au moment du dépôt de la goutte d'acide hydrochlorique sur le mercure, et même avant qu'elle y touche, sa vapeur détermine, sur la surface de ce métal, la formation d'un enduit qui ternit cette surface et lui enlève son poli, ce qui oppose un obstacle mécanique et peut-être physique à l'extension centrifuge de cette goutte d'acide. On verra, en effet, plus bas, par de nombreux exemples, que le poli des surfaces est indispensable pour que le mouvement épipolique puisse exister sur elles.

40. Jusqu'ici nous avons observé le développement de la force épipolique centrifuge en déposant certains liquides, sous forme de goutte, sur la surface sèche du verre ou des métaux polis et sur la surface du mercure; nous allons actuellement observer le même phénomène en déposant certains liquides peu denses, sous forme de goutte, sur la surface d'autres liquides plus denses, et sur lesquels la goutte déposée pourra flotter sans se mêler avec eux. Ici se présente le phénomène cité plus haut (2) de l'extension rapide d'une

---

1. Annales de Physique de Gilbert, t. XXXII, p. 261.

goutte d'huile fixe ou essentielle sur la surface de l'eau, où elle se dispose en une couche tellement mince, qu'elle reflète les couleurs de l'iris; une seconde gontte d'huile fixe ne produit plus le même effet, mais il arrive souvent que plusieurs gouttes successives d'huile essentielle continuent de le produire. Cela n'arrive que lorsque l'huile essentielle est bien pure. J'ai rendu très-sensible le phénomène de l'extension centrifuge d'une goutte d'huile essentielle sur la surface de l'eau par l'expérience suivante : ayant une grosse goutte d'huile fixe flottante sur l'eau, j'ai déposé doucement dans son milieu une goutte d'huile essentielle de térébenthine ; celle - ci , en se combinant sans doute avec l'huile fixe, perça lentement son épaisseur, et arriva au contact de l'eau sous-jacente; à ce moment, la goutte d'huile essentielle fit une sorte d'explosion en se projetant circulairement sur la surface de l'eau par un mouvement centrifuge et en chassant circulairement devant elle l'huile fixe qui l'emprisonnait, et qui, après cette explosion, revint sur elle-même pour se former de nouveau en goutte.

41. La théorie de ces phénomènes se déduit avec la plus grande facilité de leur comparaison avec les faits ci-dessus exposés. Nous avons vu plus haut (33) la force épipolique centrifuge projeter circulairement une goutte d'huile essentielle sur la surface polie du verre , de l'argent ou du mercure, et s'y étendre en couche extrêmement mince; ici, c'est exactement le même phénomène ; c'est la force épipolique qui, au lieu d'étendre circulairement une goutte d'huile en couche extrêmement mince sur des surfaces polies solides, ou sur la surface éminemment polie d'un métal liquide, l'étend sur la surface éminemment polie de l'eau, surface dont l'extrême mobilité favorise au plus haut point ce courant épipolique centrifuge.

42. La vitesse du courant épipolique centrifuge produit par une goutte d'huile essentielle, n'est point à beaucoup près aussi grande sur la surface polie d'un corps solide qu'elle l'est sur la surface du mercure ou sur la surface de l'eau. J'ai vu qu'une goutte d'huile essentielle de térébenthine s'étend, par un courant épipolique centrifuge, avec une vitesse sensiblement égale sur la surface du verre et sur la surface de l'argent poli; ce courant épipolique est beaucoup plus rapide sur la surface du mercure, et il présente une rapidité encore bien plus grande à la surface de l'eau. Ainsi, la surface des liquides est plus apte que ne l'est celle des solides polis à la production des courants épipoliques, et plus les corps ont de liquidité, plus ils sont aptes à la production de ces courants. L'état de liquidité ou de solidité des corps provenant de la quantité de calorique qui forme une atmosphère particulière à chacune de leurs molécules, et cette atmosphère, plus ou moins étendue, devant exister également à la surface de ces corps, on peut en conclure que c'est cette atmosphère moléculaire de calorique qui est l'une des conditions de l'existence et de l'énergie des courants épipoliques.

43. Lorsque la goutte d'huile fixe déposée sur la surface de l'eau est fort petite, elle s'y étend en entier, sous forme de couche mince et irisée; si cette goutte est d'une certaine grosseur, il n'y en a qu'une partie qui s'étend; le reste demeure sous forme de goutte; la surface de l'eau, en quelque sorte saturée par la goutte d'huile qui la recouvre, n'en peut pas recevoir davantage. Or, dans ce cas, j'ai expérimenté que l'on pouvait déterminer le reste de la goutte, s'il était fort petit, à s'étendre en entier sur l'eau, en augmentant l'étendue de la surface de celle-ci, ce à quoi je parvenais en donnant une certaine inclinaison au vase qui la contenait. L'eau inférieure venait alors occuper la surface agrandie, et cette eau nouvelle, pourvue de toute sa force épipolique, déterminait le petit reste de la goutte d'huile à s'étendre en produisant son explosion centrifuge. Ainsi, les surfaces liquides renouvelées peuvent entretenir la continuité des mouvements épipoliques.

44. La goutte d'huile, en s'étendant sur l'eau, entraîne avec elle, dans son mouvement, la couche superficielle de ce liquide ; cela peut se voir lorsque l'eau contient de l'argile en suspension ; je me suis assuré de ce fait d'une autre manière, par l'expérience suivante. J'ai placé sur le fond couvert d'eau d'un vase de verre, un petit couple voltaïque cubique de deux millimètres de côté ; ses deux pôles, cuivre et zinc, dans une situation verticale, furent mis en communication, au moyen de deux fils de cuivre, avec un galvanomètre. Sous l'influence de l'électricité produite par ce petit couple voltaïque, l'aiguille aimantée du galvanomètre prit une déviation déterminée. Si j'agitais, même très-légèrement, l'eau qui s'élevait à deux millimètres au-dessus du petit couple voltaïque, la déviation de l'aiguille du galvanomètre angmentait sur-le-champ, et l'on en conçoit facilement la raison ; le renouvellement de l'eau sur la surface du couple voltaïque augmentait sur lui l'action chimique de ce liquide, et augmentait, par conséquent, l'intensité du courant électrique. Je pouvais donc, par ce moyen, savoir si l'eau recevait du mouvement, par le dépôt d'une goutte d'huile sur sa surface que cette goutte d'huile envahissait. L'appareil étant donc disposé comme il est dit ci-dessus, j'ai attendu que l'aiguille du galvanomètre eût pris une déviation fixe qui se trouva de 32 degrés. Alors, je déposai très-doucement sur la surface de l'eau, et à huit centimètres de distance du couple voltaïque, une goutte d'huile fixe (huile de colza), qui s'étendit rapidement sur l'eau, en

couche irisée. A l'instant de cette extension de la goutte d'huile, l'aiguille aimantée du galvanomètre porta sa déviation à 42 degrés, puis elle revint lentement se fixer de nouveau à 32 degrés, comme auparavant. J'ai répété cette expérience avec une profondeur d'eau plus grande, et j'ai vu que le dépôt de la goutte d'huile sur l'eau n'occasionnait plus l'augmentation de déviation de l'aiguille du galvanomètre, lorsque ce liquide était élevé de plus de 10 millimètres au-dessus du petit couple voltaïque. En employant une goutte d'huile essentielle de térébenthine à la même expérience, j'ai observé que le mouvement produit dans l'eau s'étendait jusqu'à quinze millimètres de profondeur. Ce mouvement était d'autant plus vif que l'eau était moins profonde, ce dont je jugeais à la quantité de degrés dont se trouvait augmentée la déviation de l'aiguille du galvanomètre.

45. Ces observations touchant le mouvement intérieur qui est produit dans l'eau par l'huile qui s'étend en couche très-mince sur la surface, peuvent servir à donner l'explication du phénomène mentionné plus haut (2), de l'aplanissement des flots produits par le vent. Je dois dire d'abord que j'ai constaté l'existence de ce phénomène extraordinaire. Franklin a vu que l'huile versée sur l'eau n'apaisait point du tout les flots peu élevés qui régnaient sur la surface, lorsque cette huile était versée auprès de la rive à laquelle aboutissait le mouvement de progression de ces flots, et que ceux-ci étaient complétement aplanis, dans une assez grande étendue, en versant de l'huile auprès de la rive à laquelle ces flots prennent leur origine, commençant d'abord par des rides légères, et s'accroissant ensuite, sous l'influence simultanée de la transmission, de proche en proche, du mouvement ondulatoire et de l'action générale du vent sur la surface de l'eau. On conçoit que si, par un

moyen quelconque, on supprime les ondes ou les flots à leur origine, où ils sont faibles encore, on diminue par cela même la hauteur de ces flots dans une région plus éloignée. Il s'agissait de savoir si des flots pourvus de toute la hauteur et de toute la vitesse de progression qu'ils sont susceptibles d'acquérir dans des circonstances déterminées, et sous l'influence d'un vent léger, peuvent être interrompus brusquement dans leur progression et être aplanis par l'action de l'huile étendue sur la surface de l'eau. Pour s'assurer de ce fait, il fallait verser l'huile auprès de la rive qui est parallèle à la ligne suivie par les flots dans leur progression, ou qui est parallèle à la direction du vent. J'ai fait ces expériences sur un canal large de sept mètres et dont la longueur s'étendait dans la direction du nord-ouest au sud-est. Un jour que le vent du nord-ouest soufflait, et que par conséquent les petits flots qu'il produisait à la surface de l'eau de ce canal suivaient la longueur de ce dernier dans leur progression, je versai environ trente grammes (une once) d'huile de colza battue dans une bouteille avec de l'eau, auprès de l'une des rives de la longueur de ce canal. L'huile s'étendit rapidement sur la surface de l'eau et gagna la rive opposée, éloignée de sept mètres. Les flots furent immédiatement aplanis et disparurent dans toute la largeur du canal, et dans une étendue de sa longueur que j'évaluai, approximativement, à sept ou huit mètres. La surface unie de l'eau ne présentait plus alors qu'un très-léger balancement occasionné par le vent : balancement très-ample et qui n'avait rien de commun avec les flots qui la couvraient auparavant. Cette surface dépourvue de flots offrait des limites tranchées dans la direction de la longueur du canal ; les flots qui, dans leur progression, arrivaient près de la limite nord-ouest de cette surface unie, s'y ter-

minaient brusquement, comme s'ils eussent rencontré un
obstacle solide, à cela près cependant qu'il n'y avait point
de *ressac*; à la limite sud-est de cette surface unie, les flots
recommençaient brusquement et avec toute la hauteur
qu'ils auraient eue s'ils n'avaient pas été interrompus, en
sorte qu'il était évident qu'il n'y avait point là une origine
nouvelle des flots, origine toujours marquée par des rides
légères qui s'accroissent insensiblement dans leur progression pour devenir des flots; la reproduction brusque de
ces derniers avec toute leur hauteur, attestait que le mouvement ondulatoire s'était transmis d'un bord de la nappe
d'eau immobile à son autre bord ; phénomène que je suis
tenté d'assimiler à celui de la transmission du mouvement
produit par le choc d'une boule d'ivoire sur une série de
boules semblables, cas auquel le mouvement est transmis à
la boule qui occupe l'extrémité opposée de la série sans que
les boules intermédiaires y participent. Le phénomène de
l'aplanissement des flots dura environ une minute ; ensuite
les flots envahirent la surface unie, et leur mouvement de
progression s'y rétablit. Or, quelle pouvait être la cause
qui s'opposait à la transmission de l'ondulation ou à la progression des flots sur la surface de l'eau, là où elle était
couverte d'une couche d'huile d'une minceur extrême ?
On peut admettre, avec Franklin, que le vent ou l'air
en mouvement n'ayant plus d'adhésion avec cette surface ne tendait plus à la soulever et à l'entraîner dans
son mouvement, mais cela n'empêcherait pas les flots ou
les ondes déjà en mouvement de progression vers cette
surface de l'envahir en lui communiquant leur mouvement
acquis. Si cela n'a pas lieu on est forcé de conclure que
l'eau résiste, dans cet endroit, à la transmission du mouvement ondulatoire ; je ne vois qu'un seul moyen d'expli-

quer, **et** encore imparfaitement, ce phénomène extraordinaire. L'expérience vient de faire voir que l'huile en s'étendant sur l'eau en une couche d'une minceur excessive, effet qui est dû à la force épipolique, détermine du mouvement dans l'intérieur de l'eau jusqu'à une certaine profondeur; il est possible que ce soit ce mouvement intestin de l'eau qui contrebalance l'effet du mouvement ondulatoire et qui l'empêche de se transmettre là où ce mouvement intestin existe. Cette explication est vague sans doute, mais je n'en vois point d'autre à donner à ce phénomène, qui est un des plus singuliers entre ceux qui sont dus à la force épipolique mise en action.

46. L'alcool, déposé sous forme de goutte sur la surface des huiles fixes, offre des phénomènes de mouvement épipolique qui sont très-remarquables. Je me suis servi d'huile de colza, et l'alcool était coloré en rouge, afin de rendre les phénomènes plus faciles à voir. A l'instant du dépôt de la goutte d'alcool sur la surface de l'huile, on voit cette goutte s'étendre circulairement en déprimant légèrement la surface de l'huile, laquelle devient concave dans cet endroit, ce dont on s'assure en regardant cette surface obliquement et au moyen de la réflexion de la lumière. L'alcool, dans son mouvement centrifuge, se porte en majeure partie à la circonférence de l'aire concave qu'il a produite, et là il se dépose circulairement divisé d'abord en très-petits globules isolés, qui bientôt se réunissent plusieurs ensemble pour former des globules plus gros, toujours disposés en cercle à la circonférence de l'aire concave, où ils s'agitent par saccades, montrant souvent des mouvements alternatifs d'expansion et de contraction. Tout d'un coup ces globules liquides perdant la force qui les maintenait à l'état sphérique, laissent étendre en couche très-

mince sur la surface de l'huile le liquide rouge qui les constitue. Ce mouvement d'extension s'opère spécialement vers le centre de l'aire, qui alors a cessé d'être concave ; les gouttelettes ainsi étendues se trouvent affecter la forme de rayons concentriques. Il paraît que le liquide rouge ainsi étendu n'est que l'eau qui était associée à l'alcool évaporé, et qui, chargée du principe colorant, se trouve, par cette adjonction, plus légère que l'huile fixe, à la surface de laquelle elle demeure flottante en couche extrêmement mince. Si l'on dépose une seconde goutte d'alcool coloré dans le même endroit, cette goutte, dans son extension circulaire, entraîne cette couche d'eau colorée flottante, et reproduit avec elle les mêmes phénomènes que ci-dessus ; ils deviennent même plus faciles à voir parce que les gouttelettes sphériques qui occupent la circonférence de l'aire circulaire sont plus grosses. En mettant ainsi successivement au même endroit cinq à six gouttes d'alcool coloré, on rend le phénomène de plus en plus facile à observer, car il se reproduit à chaque fois en rendant plus grosses les gouttelettes sphériques de la circonférence de l'aire circulaire.

47. On voit, dans cette expérience, la force épipolique offrir successivement ses deux modes d'action centrifuge et d'action centripète ; la goutte d'alcool s'étend par un mouvement centrifuge sur la surface de l'huile, puis se porte presque en entier à la circonférence de l'aire : ensuite l'eau que laisse l'évaporation de l'alcool, qui n'était point anhydre, s'étend en couche mince sur l'huile pour se diriger vers le centre de l'aire. L'huile de colza est celle qui m'a offert le mieux ce phénomène, à la reproduction duquel l'huile d'olive m'a paru moins propre.

48. Il est évident que l'on ne peut faire ces expériences

en employant, sous forme de goutte, un liquide plus dense
que celui sur la surface duquel cette goutte doit être déposée, car alors cette goutte ne demeurerait point flottante, et
d'ailleurs les dernières expériences exigent que le liquide
qui forme la goutte flottante ne soit point miscible avec le
liquide sur la surface duquel cette goutte est déposée. Si
donc on veut faire les mêmes expériences en employant des
liquides miscibles, parmi lesquels celui qui sera employé
sous forme de goutte sera plus dense que celui qui recevra
cette goutte sur sa surface, il faut avoir recours à un autre
expédient. L'un des deux liquides qui doit servir à l'expérience est étendu en couche très-mince sur une lame de
verre, ou sur la surface d'un métal poli, et l'on dépose sur
cette couche le second liquide sous forme de goutte. Dans
ce mode d'expérience, la force épipolique propre à la surface solide polie se trouve agir concomitamment avec la
force épipolique propre à la surface de la couche liquide,
qui est adhérente à cette surface solide. Ainsi il y a là deux
causes de mouvement, causes qui paraissent agir dans le
même sens. Ici nous rencontrons les expériences de B. Prévost, dont il a été fait mention plus haut (12), expériences
qui semblent établir la *répulsion* de certains liquides par
certains autres liquides. Je vais entrer ici dans l'étude dé-
taillée de ces phénomènes curieux, lesquels, chose éton-
nante, ont été complétement négligés par les physiciens
depuis leur découverte, qui date de plus de quarante années. On va voir cependant que ce sujet était loin d'avoir été
épuisé par B. Prévost.

49. Une lame de verre est recouverte de la mince couche
d'eau qui peut lui adhérer en mouillant sa surface : une
gouttelette d'huile fixe est déposée au milieu de cette surface ; à l'instant l'eau s'écarte tout autour et laisse à sec

une aire circulaire plus ou moins étendue. Une goutte d'huile essentielle produit le même effet, et de plus elle s'étend en couche excessivement mince sur l'aire circulaire formée par l'écartement de l'eau. Une goutte d'alcool ou d'éther produit encore le même effet. Voilà le phénomène que B. Prévost indique en disant que l'huile, l'alcool, l'éther, etc., *repoussent l'eau;* il n'entre du reste dans aucun détail sur ce phénomène. Or, voici ce qui se passe dans ces expériences. Je prends pour exemple la goutte d'alcool déposée sur la couche d'eau qui mouille la lame de verre. A l'instant du dépôt de cette goutte, l'eau s'écarte rapidement du point considéré comme centre sur lequel la goutte d'alcool a été déposée, et se gonfle en orle à la circonférence de l'aire circulaire produite par l'écartement de cette goutte et laissée en apparence à sec; cette aire, dans le fait, se trouve enduite par une couche excessivement mince d'alcool, couche qui s'évapore rapidement, en sorte que l'aire circulaire demeure effectivement alors à sec. Si la goutte d'alcool a été fort petite, elle se trouve toute employée à former la couche excessivement mince qui s'étend sur l'aire circulaire, en sorte qu'il ne reste point de liquide sous forme de goutte au milieu de cette aire. La mince couche d'alcool qui tapisse l'aire circulaire étant bientôt évaporée, l'eau gonflée en orle à la circonférence de cette aire demeurée à sec, revient lentement vers le centre, en vertu de sa tendance à se niveler.

50. On voit par cette expérience qu'une goutte d'alcool déposée sur une mince couche d'eau qui enduit une lame de verre, y prend la même extension centrifuge qu'elle prend sur une lame de verre sèche, ainsi qu'on l'a vu plus haut (32). Mais ici ce phénomène est bien plus marqué; l'extension de la goutte d'alcool est bien plus rapide et bien

plus étendue. Il n'est donc pas douteux que la surface du verre et la surface de l'eau ne jouent simultanément un rôle dans la production de la force épipolique, qui produit cette extension centrifuge, force qui, ainsi que cela a été prouvé plus haut (35), n'est point le résultat de l'attraction de la surface du verre pour la goutte d'alcool, et qui n'est point non plus le résultat de l'attraction de la couche d'eau pour cette même goutte d'alcool ; bien au contraire, la couche d'eau est ici, non pas *repoussée*, dans le sens que l'on attache, en physique, à cette expression, mais bien *propulsée* par l'alcool dont l'extension est plus rapide que ne l'est sa mixtion avec l'eau qui l'environne. Nous allons voir tout à l'heure le mécanisme au moyen duquel l'alcool frappe l'eau pour la chasser ainsi devant lui.

51. Faisons l'expérience inverse de la précédente ; mouillons la surface du verre par une couche d'alcool et déposons dessus une goutte d'eau ; alors un phénomène inverse se présente à l'observation. La goutte d'eau, au moment de son dépôt, prend la forme hémisphérique, puis elle s'élargit lentement en conservant et même en augmentant son épaisseur, ce qui atteste que l'alcool environnant se joint à elle et augmente son volume. Dans ce mouvement à la fois d'extension et de gonflement, elle conserve assez longtemps une délimitation tranchée avec la couche d'alcool environnante. Ainsi, au lieu de la tendance centrifuge observée dans l'expérience précédente, il y a ici une tendance centripète ; dans l'expérience précédente la goutte centrale d'alcool s'aplatissait ou s'amincissait jusqu'à devenir une couche d'une extrême minceur ; ici, au contraire, la goutte centrale d'eau se gonfle et s'épaissit ; dans l'expérience précédente l'extension rapide de la goutte d'alcool, résultat de la production d'une force vive, écartait

circulairement l'eau environnante, trop lente à s'unir par combinaison à cette goutte d'alcool; dans l'expérience actuelle, la combinaison de l'alcool et de la goutte centrale d'eau s'opère parce que la même force vive qui, précédemment, marchait de l'alcool central vers la couche d'eau environnante, marche ici de la couche d'alcool environnante vers la goutte d'eau centrale, et comme celle-ci, pressée de toutes parts par cette force centripète, ne peut fuir, elle est pénétrée de toutes parts par l'extension centripète de l'alcool. Cette pénétration intime de la goutte d'eau par l'alcool, que meut une force vive, ne peut se voir ici, il est vrai, ou ne se voit qu'à peine ; mais ce phénomène est rendu très-facilement apercevable par l'expérience suivante. Un tube de verre de 12 à 15 millimètres de diamètre, fermé par son extrémité inférieure, est placé verticalement et rempli d'eau ; je dépose doucement sur la surface de ce liquide une goutte d'alcool coloré en rouge. Suivant les lois de l'hydrostatique, l'alcool, bien plus léger que l'eau, devrait s'étendre simplement sur la surface de ce dernier liquide ; or, au contraire, on voit ici l'alcool pénétrer par jets rapides et descendants dans l'intérieur de l'eau avec laquelle il se mêle imparfaitement, car on voit ces sortes de fusées descendantes, mues par une force vive qui agit comme une explosion, remonter vers la surface, en vertu de leur légèreté spécifique, lorsque l'effet de cette force explosive instantanée est accompli. Ces sortes de fusées descendantes, formées dans l'intérieur de l'eau par l'alcool coloré, se succèdent rapidement, et cessent de se produire lorsque l'alcool combiné avec l'eau forme, avec celle qui est demeurée pure, une masse dans laquelle il n'y a plus de délimitation tranchée entre ces deux liquides, qui sont cependant distingués par la coloration de l'eau alcoolisée, mais il n'y a plus ici deux liquides hétérogènes en contact par leurs surfaces ; il y a entre eux une fusion insensible.

52. On pourrait penser que la projection rapide de l'alcool dans l'intérieur de l'eau serait le résultat de l'affinité de ces deux liquides ; l'expérience suivante fera voir qu'il n'en est rien. Ayant mis de l'alcool coloré dans une petite pompe de verre, j'ai plongé obliquement le bec de celle-ci dans l'eau jusqu'à la profondeur de cinq centimètres, alors j'ai poussé le piston de la pompe le plus doucement possible, de manière à en faire sortir l'alcool sans force d'impulsion sensible. De cette manière, l'alcool en sortant du bec de la petite pompe, prenait immédiatement un mouvement ascendant, en vertu de sa légèreté spécifique ; il se formait ainsi dans l'intérieur de l'eau, une colonne d'alcool coloré longue de cinq centimètres et de la grosseur de l'ouverture du bec de la petite pompe. Cette colonne d'alcool coloré, pendant son trajet d'ascension continue, conserva constamment une délimitation tranchée avec l'eau qui l'environnait ; il n'y eut aucune tendance à la mixtion ou à la combinaison entre ces deux liquides ; ce ne fut que lorsque la colonne ascendante de l'alcool atteignit la surface de l'eau, que la partie supérieure seulement de cette colonne présenta cette extension centrifuge et cette pénétration rapide dans l'intérieur de l'eau, telles que je viens de les décrire ; le sommet de la colonne d'alcool se comportait alors comme l'aurait fait une goutte d'alcool déposé sur la surface de l'eau. Ce phénomène continua tant que dura l'émission de l'alcool dans la profondeur de l'eau.

53. Il résulte de cette expérience qu'au contact de l'alcool et de l'intérieur de la masse de l'eau, il ne se manifeste aucune tendance à la mixtion entre ces deux liquides ; aucune force ne les porte l'un vers l'autre ; ils semblent refuser

de se mêler, tant leurs limites sont distinctes et tranchées ;
ce n'est qu'au voisinage de la surface de l'eau que se développe cette force qui projette si vivement l'alcool de tous
côtés dans l'intérieur de l'eau, non-seulement par un mouvement horizontal, mais aussi par un mouvement de haut
en bas, contre les lois de l'hydrostatique. Il est cependant
un cas dans lequel l'alcool se projette vivement dans l'intérieur même de l'eau. C'est ce que l'on observe en plongeant
dans l'eau des petits fragments de matières organiques imbibés d'alcool ; ce liquide s'élance de tous côtés de leur intérieur dans l'eau environnante, et il en résulte pour ces
petits fragments des mouvements de recul brusques et intermittents. Ici l'alcool, en sortant de tous côtés du fragment
de matière organique, se trouve en rapport *avec la surface*
de ce fragment, et il paraît que c'est en vertu de ce rapport
que naît la force épipolique qui projette l'alcool dans l'intérieur de l'eau. Quoi qu'il en soit, l'observation qui démontre
que du contact de l'alcool avec la surface de l'eau il naît
une force vive qui fait pénétrer l'alcool dans l'intérieur de
l'eau par des jets rapides, prouve que lorsqu'une goutte
d'eau est déposée sur une couche d'alcool étendue sur une
lame de verre, l'alcool pénètre par radiations concentriques
dans l'intérieur de la goutte d'eau, laquelle s'étend et se
gonfle par cette adjonction de l'alcool ; la force vive qui
opère ce mouvement est la force épipolique, et sa direction
est ici centripète : si, au contraire, une goutte d'alcool est
déposée sur une couche d'eau qui mouille une lame de
verre, l'alcool tend à pénétrer dans la couche d'eau par des
irradiations centrifuges, et comme l'eau oppose une certaine résistance à cette pénétration rapide, elle est propulsée
ou écartée circulairement sur la lame de verre. Ici la direction de la force épipolique est centrifuge. Or comme cette

force épipolique centrifuge qui se développe au contact des surfaces de l'alcool et de l'eau se développe aussi au contact de l'alcool et de la surface sèche du verre , il en résulte que la surface du verre se comporte comme la surface de l'eau , par rapport à l'alcool qui s'étend par une force vive sur la surface du verre , ne pouvant pénétrer dans son intérieur. Ainsi la force épipolique est la même sur la surface du verre et sur la surface de l'eau , en sorte qu'il existe une double cause de la production de cette force lorsqu'une goutte d'alcool est déposée sur une couche d'eau étendue sur une lame de verre.

54. L'observation facile de ce qui se passe entre l'alcool et l'eau , lors du développement de la force épipolique , nous indique ce qui se passe indubitablement de même lors de l'association , deux à deux. de beaucoup d'autres liquides dans le même genre d'expériences où l'on observe la production des mêmes effets, soit de mouvement épipolique centrifuge, soit de mouvement épipolique centripète. Le même fait général doit se reproduire partout ; c'est celui de la projection rayonnante centrifuge ou centripète d'un des deux liquides vers l'autre , et cela suivant leurs positions respectives au centre ou à la circonférence. Cette action mécanique propulsive que l'un des deux liquides exerce sur l'autre, dans ce genre d'expériences , se manifeste quelquefois sous la forme d'ondulations , ainsi qu'on le verra plus bas (62).

55. Les liquides hydrogénés combustibles sont ceux qui , par leur association aux liquides aqueux , produisent avec le plus d'énergie le développement de la force épipolique ; après eux viennent les liquides alcalins. Ainsi , en déposant une goutte d'ammoniaque liquide sur une mince couche d'eau qui enduit une lame de verre, on voit cette goutte d'ammoniaque éprouver un vif mouvement centrifuge qui écarte

l'eau ; une aire circulaire fort étendue demeure presque à sec, tant est devenue mince la couche de liquide qui l'enduit encore : à la circonférence de cette aire, l'eau environnante est gonflée en orle épais. Cette sorte d'explosion étant opérée, l'eau environnante revient peu à peu dans l'aire circulaire de laquelle elle avait été chassée. En faisant l'expérience inverse, c'est-à-dire en déposant une goutte d'eau sur une couche mince d'ammoniaque liquide, on voit, au contraire, cette goutte s'élargir et s'étendre peu à peu, en conservant, malgré son extension, une épaisseur supérieure à celle de la couche d'ammoniaque environnante, avec laquelle elle finit par se confondre dans un niveau commun. On observe donc encore ici, d'une part, un mouvement centrifuge, et d'une autre part un mouvement centripète dirigé, dans l'un et dans l'autre cas, de l'ammoniaque vers l'eau, et dû au développement de la force épipolique. Les solutions de potasse et de soude caustique se comportent, à cet égard, de la même manière que l'ammoniaque ; il en est de même des acides ; ils se comportent comme les alcalis, étant associés à l'eau dans ce genre d'expériences. Si ensuite on passe à l'emploi des solutions salines associées de même à l'eau, on observe des phénomènes inverses. En effet, une solution saline étant étendue en couche mince sur une lame de verre, une goutte d'eau déposée sur cette couche y prend l'extension centrifuge, et chasse circulairement devant elle la solution saline dont les bords sont gonflés en orle à la circonférence de l'aire circulaire sur laquelle s'est étendue la goutte d'eau. Ainsi, l'eau se comporte, par rapport à la solution saline, comme l'huile ou comme l'alcool se comporte par rapport à l'eau ; la direction de la force ou du courant épipolique est de l'eau à la solution saline, comme elle est du liquide combustible à l'eau, comme elle est du liquide alcalin à l'eau, comme elle est du liquide acide à l'eau.

56. On remarquera que toutes les fois que le courant épipolique a une direction centripète, il donne la forme d'une goutte bombée au liquide central, vers lequel il est concentriquement dirigé et qu'il presse ainsi de toutes parts. Cette forme de goutte bombée qu'affecte alors le liquide central dure jusqu'à ce que la fusion des deux liquides miscibles soit complète. Si les deux liquides ne sont pas miscibles, comme l'huile et l'eau, celui de deux qui est déposé sous forme de goutte sur l'autre conserve toujours cette forme de goutte bombée; toutefois il faut distinguer ici les deux cas de l'huile déposée sous forme de goutte sur l'eau, et de l'eau déposée sous forme de goutte sur la surface solide enduite d'huile. Dans le premier cas le courant épipolique va de l'huile à l'eau, et étend une partie de la goutte d'huile sur la surface de l'eau par un mouvement centrifuge; mais ce premier phénomène accompli, il se manifeste pour le reste de la goutte d'huile une force coercitive qui la maintient sous forme de goutte et l'empêche de s'étendre. Cette force coercitive, au reste, a peu d'énergie si l'on en juge par l'extrême aplatissement de la goutte d'huile sur la surface de l'eau ; il n'en est pas de même par rapport à la goutte d'eau déposée sur une surface solide enduite d'huile : cette goutte d'eau prend et conserve une forme d'autant plus bombée qu'elle est plus petite, ce qui prouve qu'elle est soumise de toutes parts à l'action d'une force coercitive très-énergique. Aussi l'observation apprend-t-elle que le courant épipolique est dirigé de l'huile environnante vers la goutte d'eau centrale, et c'est à l'action impulsive de ce courant qu'est due la conservation presque complète de la forme sphérique de la petite

goutte d'eau déposée sur des corps solides gras ou résineux, ou, en général, sur les corps solides que l'eau refuse de mouiller.

57. J'ai soumis à l'expérience un grand nombre de liquides associés deux à deux, l'un sous la forme de couche mince étendue sur une lame de verre, l'autre sous forme de goutte déposée sur cette couche de liquide. Il serait inutile d'entrer dans le détail circonstancié de toutes ces expériences ; je vais donc me contenter de les exposer ici brièvement dans trois tableaux, qui seront suivis chacun de quelques réflexions. Je ne rapporterai que les seules expériences dans lesquelles la goutte de liquide centrale a présenté le mouvement épipolique centrifuge, ayant expérimenté que toutes les fois qu'un liquide déposé sous forme de goutte sur un autre liquide qui enduit la surface du verre présente le courant épipolique centrifuge, on peut être assuré qu'en renversant les rôles de ces deux liquides on observera le courant épipolique centripète.

58. *Production du courant épipolique centrifuge par l'emploi des liquides alcalins et acides et de l'eau.*

LIQUIDE DISPOSÉ EN COUCHE MINCE SUR UNE LAME DE VERRE.	LIQUIDE DÉPOSÉ SOUS FORME DE GOUTTE SUR LE LIQUIDE PRÉCÉDENT.
Eau.	Ammoniaque liquide.
Eau.	Solution de potasse caustique.
Eau.	Solution de soude caustique.
Eau.	Acide nitrique.
Eau.	Acide hydrochlorique.
Eau.	Acide sulfurique.
Eau.	Acide acétique pur.
Eau.	Acide hydrosulfurique liquide.
Eau.	Acide oxalique en solution.
Eau.	Acide tartrique (action très-faible).
Acide phosphorique aux densités 1,25. . . 1,05. . . 1,02. . . .	Eau.
Acide sulfurique concentré. . .	Ammoniaque liquide.
Acide nitrique concentré. . . .	Ammoniaque liquide.
Acide hydrochlorique concentré .	Ammoniaque liquide.
Acide phosphorique, densité 1,25.	Ammoniaque liquide.
Solution d'une partie de potasse caustique dans 10 parties d'eau.	Acide nitrique concentré.
Même solution	Acide sulfurique concentré.
Même solution	Acide hydrochlorique concentré.
Même solution	Acide acétique pur et concentré.
Ammoniaque.	Acide acétique pur et concentré.
Solution d'une partie de potasse caustique dans 50 parties d'eau.	Solution d'une partie de potasse caustique dans 10 parties d'eau.

59. On voit par les faits exposés dans le tableau précédent :

1° Que tous les liquides alcalins, déposés sous forme de goutte sur une couche mince d'eau placée sur une lame de verre, y déterminent la production de la force épipolique, en vertu de laquelle ils prennent l'extension centrifuge ;

2° Que tous les liquides acides employés de même produisent le même effet ; il n'y a d'exception à cet égard que pour l'acide phosphorique, lequel donne lieu à la production de phénomènes inverses. Cet acide, en effet, au contraire des autres acides, doit être disposé en couche mince sur la lame de verre et recevoir sur sa surface une goutte d'eau pour développer la force épipolique qui donne à cette goutte d'eau l'extension centrifuge. Lorsque c'est l'eau qui enduit la lame de verre et qu'on dépose sur ce liquide, ainsi étendu en couche mince, une goutte d'acide phosphorique ayant la densité 1,25, l'eau se porte si vivement vers cette goutte d'acide par un mouvement centripète, que la surface du verre demeure à sec dans un espace circulaire assez étendu autour de la goutte d'acide, laquelle privée ainsi de communication avec le reste de la couche d'eau ne peut plus en recevoir pour augmenter subséquemment son volume. Cette expérience est une de celles par lesquelles on peut le mieux démontrer l'existence du courant épipolique certripète. On ne peut pas attribuer cet effet à l'attraction exercée par la goutte d'acide phosphorique sur l'eau qui l'environne, car l'acide sulfurique exerce sur l'eau une attraction bien plus énergique que celle qu'exerce l'acide phosphorique sur ce même liquide ; et cependant bien loin d'attirer l'eau sur la couche de laquelle il est déposé sous forme de goutte, il l'éloigne de lui par un mouvement centrifuge, semblant la repousser ; il se comporte alors comme le fait la goutte d'eau par rapport à l'acide phosphorique. Ce ne sont donc point ici des tendances d'*attraction* et de *répulsion* que l'on observe entre les deux liquides, car ces tendances sont toujours *récipro-*

ques entre les deux corps qui les présentent à l'observation ; ainsi, lorsque deux corps s'attirent ou se repoussent, l'attraction n'appartient point exclusivement à l'un d'eux, l'autre demeurant passif, et l'on en doit dire autant de la répulsion. Or, dans les expériences que je viens d'exposer, on observe le développement d'une tendance qui n'est point *réciproque* entre les deux liquides que l'on associe ; il y a là bien évidemment production d'une force particulière, qui est la force épipolique, force ayant une direction déterminée et toujours la même de l'un des deux liquides vers l'autre, en sorte que, par exemple, cette force dirigée constamment de l'acide phosphorique vers l'eau affecte la direction centrifuge lorsque l'acide est central, tandis qu'elle affecte la direction centripète lorsque c'est l'eau qui devient centrale.

60. On remarquera, dans le tableau ci-dessus, que lors de leur association aux acides, l'ammoniaque liquide et les solutions aqueuses d'alcalis fixes se comportent d'une manière inverse ; il n'y a d'exception à cet égard, relativement à l'ammoniaque, que lors de son association à l'acide acétique pur ; alors cet alcali volatil se comporte comme les alcalis fixes.

61. Une remarque importante ne manquera pas d'être faite par chacun à la vue de ces résultats ; cette remarque est que les états électriques particuliers, pris par chacun des deux liquides au moment de leur association ou de leur combinaison, sont complétement étrangers à la production de la force épipolique qui se développe dans cette circonstance. On sait que lors de la combinaison d'un acide avec un alcali, le premier prend l'électricité positive et le second l'électricité négative ; que l'eau pure, dans son association aux alcalis, joue, à cet égard, le même rôle qu'un acide, et que, dans son association aux acides, elle joue le même rôle qu'un

alcali. Or nous voyons, dans les expériences exposées ci-dessus, que tous les alcalis et presque tous les acides se comportent de la même manière ou produisent le même mode de mouvement lors de leur association avec l'eau, ce qui se trouve en contradiction avec l'état inverse de leurs électricités respectives; nous voyons que presque tous les acides, lors de leur association avec l'ammoniaque liquide, se comportent d'une manière inverse de celle qu'ils présentent lors de leur association avec les solutions aqueuses d'alcalis fixes, quoique, dans ces combinaisons, les électricités respectives des acides et des alcalis soient les mêmes. Il est donc bien certain que la force épipolique, à laquelle sont dus ces phénomènes de mouvement, n'est pas l'électricité telle que nous la connaissons.

62. On voit, dans le tableau précédent, que le courant épipolique centrifuge est produit par le dépôt d'une goutte d'une forte solution de potasse caustique sur une couche mince d'une solution plus faible de la même substance; ainsi, celui des deux liquides qui possède le plus d'eau se comporte, dans cette expérience, comme le ferait l'eau elle-même. Il semblerait résulter de là que plus la solution alcaline, qui est employée sous forme de goutte, serait dense, plus elle aurait de puissance pour produire le courant épipolique centrifuge; or cela n'est pas confirmé par l'expérience. En effet, j'ai observé que sur la couche d'eau qui enduit une lame de verre, le dépôt d'une goutte d'une solution contenant une partie de potasse caustique, sur dix ou même sur cent parties d'eau, produit un courant épipolique centrifuge très-énergique; une aire circulaire très-étendue demeure alors presque à sec, ou n'est enduite que d'une couche de liquide dont la minceur est bien plus grande que ne l'est celle de la couche d'eau qui enduit le verre; on re-

marque que la circonférence de cette aire est précédée, dans sa progression centrifuge, par des ondes rapides et tout à fait semblables à celles que produit, dans une eau tranquille, la chute d'une pierre. Or en employant dans la même expérience, sous forme de goutte centrale, une solution d'une partie de potasse caustique dans cinq parties d'eau, il n'y a plus eu d'*aire circulaire*, c'est-à-dire que la couche d'eau n'a point été écartée par la présence de cette goutte d'une solution alcaline très-dense ; j'ai observé seulement alors la succession rapide des ondes centrifuges dans l'eau environnante.

63. J'expose, dans le tableau suivant, les expériences au moyen desquelles j'ai observé la production du courant épipolique centrifuge par l'emploi des solutions salines et de l'eau. Plusieurs de ces expériences ont été faites par B. Prévost, qui n'en a fait aucune avec les alcalis ni avec les acides.

64. *Production du courant épipolique centrifuge par l'emploi des solutions salines et de l'eau.*

LIQUIDE DISPOSÉ EN COUCHE MINCE SUR UNE LAME DE VERRE.	LIQUIDE DÉPOSÉ SOUS FORME DE GOUTTE SUR LE LIQUIDE PRÉCÉDENT.
Chlorure de sodium.	Eau.
Hydrochlorate d'ammoniaque . .	Eau.
Sulfate de soude.	Eau.
Sulfate de potasse	Eau.
Sulfate de cuivre	Eau.
Sulfate de fer.	Eau.
Sulfate de zinc.	Eau.
Sulfate acide d'alumine et de potasse.	Eau.
Nitrate de potasse	Eau.
Sulfate de potasse	Sulfate de soude.
Sulfate de soude	Sulfate de cuivre.
Sulfate de potasse	Sulfate de cuivre.
Nitrate de potasse	Sulfate de cuivre.
Nitrate de potasse	Sulfate de soude.
Chlorure de sodium.	Nitrate de potasse.
Chlorure de sodium.	Sulfate de cuivre.
Hydrochlorate d'ammoniaque .	Sulfate de cuivre.
Sulfate de cuivre, 1/6 du poids de la solution.	Sulfate de cuivre, 1/24 du poids de la solution.

65. On voit, par les observations dont ce tableau offre l'exposé, que l'eau déposée sous forme de goutte sur une couche mince d'une solution saline quelconque, étendue sur une lame de verre, y produit le courant épipolique centrifuge, effet inverse de celui qui est produit, dans la même circonstance, en employant les liquides acides ou alcalins en remplacement des solutions salines. Ainsi, sous ce point de vue, les acides et les alcalis ou les deux éléments solubles dans l'eau de la composition des sels, offrent une action semblable, tandis que les sels, même ceux qui ont un excès d'acide, offrent une action inverse de celle qui est produite par leurs éléments composants. Il n'y a d'exception, à cet égard, que pour l'acide phosphorique, qui, dans ces expériences, se comporte comme une solution saline.

66. Les solutions salines qui, employées deux à deux, l'une sous forme de couche mince, l'autre sous forme de goutte, m'ont offert les résultats indiqués dans le tableau précédent, contenaient une égale quantité de sel dans une égale quantité d'eau. Cette égalité de la quantité d'eau et de sel dans les solutions salines, associées deux à deux, était nécessaire pour qu'il fût possible de compter sur l'exactitude des résultats, car la dilution plus ou moins grande des sels rapproche plus ou moins leur action de celle de l'eau pure. Ainsi, ayant enduit la lame de verre avec une solution de sulfate de cuivre qui contenait 1/6 de son poids de ce sel, et ayant déposé sur cette couche mince de liquide salin une goutte d'une solution du même sel dans laquelle ce dernier n'entrait que pour 1|24 du poids de la solution, il y eut production du courant épipolique centrifuge, de la même manière que si l'on eût employé une goutte d'eau, mais cependant avec moins d'énergie. Ainsi un sel opposé à lui-même produit le courant épipolique centrifuge lorsque sa solution, qui enduit la lame de verre, est plus dense que ne l'est sa solution employée sous forme de goutte centrale; c'est l'inverse de ce qui a lieu par rapport aux acides et aux alcalis qui, opposés à eux-mêmes, produisent le courant épilopique centrifuge lorsque leur solution qui enduit la lame de verre est moins dense que ne l'est leur solution employée sous forme de goutte centrale. Il résulte de là que la diffé-

rence de densité des liquides ne joue aucun rôle dans ces phénomènes de mouvement.

67. Les liquides acides et alcalins, déposés sous forme de goutte sur une couche d'eau produisant le courant épipolique centrifuge, et ce même courant étant produit par le dépôt d'une goutte d'eau sur une couche de solution quelconque, il devrait être certain que les liquides acides et alcalins déposés, sous forme de goutte, sur une couche de liquide salin, produiraient également le courant épipolique centrifuge. C'est aussi ce que l'expérience m'a fait voir.

68. Il est bien certain qu'il ne faut point chercher dans un développement d'électricité la cause de ces mouvements ainsi que je l'ai fait voir plus haut (61); mais il est un autre phénomène physique auquel ils semblent, au premier coup d'œil, pouvoir se lier : ce phénomène est celui de l'attraction et de la répulsion des corps par le calorique. Fresnel [1], par des expériences faites avec beaucoup de soin, et de manière à éviter toute cause d'erreur, a démontré que deux corps solides, voisins l'un de l'autre, desquels l'un est très-mobile et l'autre fixe, étant échauffés l'un ou l'autre par celui de leurs côtés qui regarde le corps voisin, il se manifeste une répulsion entre ces deux corps ; lorsque c'est le côté opposé ou extérieur qui est échauffé, les deux corps se rapprochent comme s'ils s'attiraient. Fresnel s'est assuré qu'il n'y avait, dans cette circonstance, aucun développement de tension électrique. Il est très-permis de douter que ces mouvements d'attraction et de répulsion soient les résultats de l'action directe du calorique considéré comme force d'expansion moléculaire ; peut-être pourrait-on les considérer comme des effets mécaniques produits par le ca-

1. Annales de Chimie et de Physique, t. xxix, p. 57 et 107.

lorique rayonnant; toujours est-il que le calorique, dans cette circonstance, donne naissance à une force qui agit, tantôt dans le sens de la répulsion, tantôt dans le sens de l'attraction, et il est très-possible que cette force ne soit point le calorique lui-même, tel que nous le connaissons, mais que ce soit une de ses modifications qui nous serait inconnue; peut-être cette force est-elle la même que celle à laquelle je donne le nom de *force épipolique;* voici ce qui me porte à le soupçonner. La solution dans l'eau des alcalis et des acides produit, en général, un développement de chaleur; or, l'eau disposée en couche mince sur une lame de verre est *écartée*, comme si elle était *repoussée* par une goutte de l'une de ces solutions. La solution des sels dans l'eau produit, en général, une absorption de chaleur ou du froid; or l'eau disposée en couche mince sur une lame de verre, se porte vers une goutte de solution saline déposée sur son milieu, comme si elle était *attirée* par elle. Je fais ici abstraction des exceptions que j'ai signalées à cet égard, exceptions qui n'infirment point la loi générale. Les phénomènes que je viens de citer comme simulant des *répulsions* et des *attractions*, ne sont, dans le fait, que les résultats mécaniques de l'existence d'un même courant, qui affecte tantôt une direction centrifuge et tantôt une direction centripète, ainsi que je l'ai fait voir (54). Or, il se trouve que la direction centrifuge de ce courant épipolique a lieu lorsque la goutte de liquide déposée sur la couche d'eau, avec laquelle elle s'unit par dissolution, développe de la chaleur; l'on observe, au contraire, la direction centripète de ce courant épipolique, lorsque la goutte de liquide déposée sur la couche d'eau avec laquelle elle s'unit par dissolution, produit de l'absorption de chaleur ou du froid. Il y a donc ici un rapport évident entre la direction centrifuge du courant épipolique et la production centrale de la chaleur; et d'un autre côté, il y a rapport entre la direction centripète du courant épipolique et la production centrale du froid.

69. Ces considérations m'ont conduit à rechercher ce qui résulterait du contact de l'eau chaude et de l'eau froide dans les expériences de ce genre. Une lame de verre plongée dans de l'eau à la température de $+$ 8 degrés centésimaux, pendant un temps suffisant pour prendre la même température, en ayant été retirée demeura enduite d'une couche mince de cette eau, sur laquelle je déposai une goutte d'eau enlevée avec un tube de verre dans un vase où l'eau était à $+$ 80 degrés C.; cette goutte s'était nécessairement un peu refroidie dans son transport. Au moment du dépôt de cette goutte d'eau chaude sur la couche d'eau froide, celle-ci fut écartée circulairement, et le verre demeura presqu'à nu dans l'endroit où elle avait été déposée ; j'observai en même temps des ondulations successives et rapides dans la couche d'eau. Je fis ensuite l'expérience inverse. Je plongeai la lame de verre dans de l'eau échauffée à $+$ 60 degrés jusqu'à ce qu'elle eût acquis cette température ; en la retirant, elle conserva une couche mince de cette eau chaude sur laquelle je déposai une goutte d'eau à la température de $+$ 8° C. Cette goutte d'eau froide conserva, pendant un certain temps, sa forme bombée et sa supériorité de niveau sur la couche d'eau chaude qui l'environnait, et cependant elle augmentait progressivement son volume en continuant de conserver sa séparation tranchée avec la couche d'eau chaude à laquelle elle finit par s'unir en prenant un niveau commun. Ainsi le dépôt d'une goutte d'eau chaude sur une couche mince d'eau froide, a produit un courant épipolique centrifuge, et le dépôt d'une goutte d'eau froide sur une couche d'eau chaude a produit un courant épipolique cen-

tripète; dans ce dernier cas, la goutte d'eau froide s'est comportée, par rapport à la couche d'eau chaude qui l'entourait, presque comme si elle avait été déposée sur une couche d'huile, et exactement comme si elle avait été déposée sur une couche d'alcool de même température qu'elle; elle semblait refuser de s'unir à cette couche d'eau chaude, conservant sur elle sa forme bombée et sa délimitation tranchée, et cela pendant le temps nécessaire pour l'établissement de l'égalité de la température.

70. On pourrait conclure de ces expériences que la force que je nomme *épipolique* n'est autre autre chose que la force expansive de la chaleur ; mais beaucoup de faits, qui seront rapportés plus bas, ne permettent pas d'adopter cette opinion sans restriction. Il est extrêmement probable que l'agent impondérable qui est la cause de la chaleur est également la cause ou plutôt l'agent de la force épipolique ; mais il me paraît que l'on doit reconnaître là deux modifications différentes de l'action d'un même agent. La chaleur produit le développement de la force épipolique, comme, dans certaines circonstances, elle produit le développement de la force électrique, sans que l'on soit en droit pour cela de conclure que la chaleur et l'électricité sont des forces identiques. Ce qu'il y a de certain , c'est que la force épipolique est mise en jeu par la différence de température des liquides, ainsi qu'on vient de le voir, et qu'elle se développe également dans certaines circonstances où il y a dégagement nécessaire de chaleur. Ainsi, j'ai expérimenté qu'il y a développement de la force épipolique lorsque , dans des circonstances convenables, il y a un dégagement de chaleur qui est la conséquence nécessaire du passage d'un corps de l'état de liquide à l'état de solidité. C'est ce que démontrent les expériences suivantes. J'étends sur une lame de verre

une couche mince d'une solution d'un sel à base métallique, par exemple, d'une solution de sulfate de cuivre ; puis
j'abaisse verticalement, jusqu'au contact de cette couche de
liquide salin , les pointes de deux fils de platine en communication avec les deux pôles de la pile voltaïque. Le sel se
décompose, l'acide se porte au fil positif, et le cuivre au fil
négatif, sur lequel il se précipite à l'état métallique ; alors
on voit le liquide s'écarter circulairement autour de ce fil
négatif ; il y a là production d'un courant épipolique centrifuge, et il est le résultat du développement de la force épipolique par le fait de la solidification du cuivre ou de son passage
de l'état de liquidité saline à l'état de solidité métallique ;
solidification qui doit nécessairement produire en même
temps un dégagement de chaleur. On observe le même phénomène avec toutes les solutions de sels à base métallique.

71. Dans cette expérience, l'acide qui se porte au fil positif forme, sur la couche de liquide salin , une petite masse
centrale ou *une goutte* qui devrait produire l'écartement
circulaire de cette couche, d'après les principes établis plus
haut (67); or cela n'arrive pas et la raison en est facile à
saisir. L'acide qui , par le fait de la décomposition du sel,
se porte autour du fil de platine positif , n'y arrive que
successivement et en petites quantités à la fois ; sa masse
n'est donc point assez considérable, dès le commencement
de l'expérience, pour produire une force épipolique assez
énergique pour écarter circulairement la couche de liquide
salin , comme le ferait une goutte d'acide de deux ou trois
millimètres de diamètre déposée sur cette même couche
liquide. La petite quantité d'acide portée autour du fil positif ne produit donc d'autre effet que celui de se répandre
circulairement dans la couche de solution saline environnante. Cependant de nouvel acide arrive sans cesse autour

du fil positif, et il ne se trouve plus en contact avec une solution saline pure, mais bien avec une solution saline mêlée d'acide, d'où il résulte que les conditions de la production de la force épipolique par l'accession du nouvel acide se trouvent diminuées, puisque l'hétérogénéité des deux liquides en contact est la condition de la production de cette force. Il résulte de là que l'acide, sans cesse porté vers le fil positif, n'y offre d'autre phénomène que celui de son extension par mixtion dans la couche liquide qui l'environne. Lorsque cette couche est formée par une solution de sel à base alcaline, l'alcali qui se porte au fil négatif demeurant liquide comme l'acide qui se porte au fil positif, il y a égale absence d'écartement circulaire autour du fil négatif et autour du fil positif, et cela par la même raison.

72. Je ferai observer qu'avant de faire ces expériences, il est nécessaire de faire rougir les fils de platine à la flamme de l'alcool pour les priver de tout enduit gras, cet enduit, même extrêmement léger, pouvant donner lieu à la production de la force épipolique lors de l'adjonction de l'action électrique. Ainsi les fils de platine ayant été touchés simplement avec les doigts, ce qui leur a donné un léger enduit gras, puis ces fils étant mis en contact par leurs pointes avec une couche de solution de sel à base alcaline étendue sur une lame de verre et avant l'établissement du circuit électrique, on n'observe point d'écartement, autour de ces fils, dans la couche de solution saline; l'enduit gras que possèdent ces fils est trop peu considérable pour produire un courant épipolique centrifuge capable d'écarter le liquide; mais le circuit étant établi, l'écartement du liquide a lieu autour des deux fils; on en sent facilement la raison. La force épipolique produite par l'enduit gras du fil positif,

par exemple, se joint à la force épipolique produite par l'acide qui se porte autour de ce fil, et la réunion de ces deux causes de production de la force épipolique centrifuge donne assez d'énergie à cette force pour produire l'écartement circulaire de la couche liquide environnante, effet que chacune de ces deux causes, en particulier, n'eût pas été capable de produire. On peut faire un raisonnement analogue par rapport au fil négatif possédant un très-faible enduit gras, et autour duquel se porte l'alcali en solution. On sent aussi, je le répète, la nécessité de faire rougir les fils de platine pour éviter une cause d'erreur dans les expériences que j'ai exposées avant celles-ci, comme dans les suivantes.

73. Tout corps qui prend l'état solide à l'un des pôles de la pile, donne lieu au développement de la force épipolique centrifuge, et par suite, à l'écartement de la couche liquide avec laquelle il est en contact, de la même manière que cela est produit par la précipitation d'un métal au pôle négatif. Cette assertion va trouver sa preuve dans les expériences suivantes : J'étends sur une lame de verre une couche mince d'eau de source très-chargée de carbonate de chaux, tenu en dissolution par l'acide carbonique contenu dans cette eau, et je mets cette couche en contact avec les deux fils de platine qui communiquent avec la pile. L'acide carbonique se porte au pôle positif, et le carbonate de chaux se précipite au pôle négatif. L'écartement de l'eau a lieu autour de ce dernier par l'effet du courant épipolique centrifuge que produit le passage du carbonate de chaux de l'état liquide à l'état solide. Le même effet n'a point lieu en employant de l'eau qui tient en dissolution du sulfate de chaux, parce que la chaux qui se porte au fil négatif est soluble dans l'eau, et que ce fil demeure constamment envi-

ronné d'une aire circulaire d'eau de chaux; ce n'est qu'à la circonférence de cette aire qu'on voit, à l'aide d'une loupe, une rangée circulaire de molécules calcaires.

74. Lorsqu'on emploie, dans ces expériences, des fils de platine, l'oxigène se dégage à l'état de gaz au fil positif; mais lorsqu'on emploie des fils métalliques oxidables, l'oxigène produit par la décomposition de l'eau se fixe sur ces fils ; cette solidification de l'oxigène, sur le fil positif, doit produire autour de ce dernier un courant épipolique centrifuge, et c'est aussi ce que l'expérience démontre. J'ai étendu une couche mince d'eau distillée sur une lame de verre, et je l'ai mise en contact avec les pointes de deux fils de fer nouvellement limées et par conséquent bien exemptes d'enduit gras. La couche d'eau était aussi mince qu'il était possible de l'obtenir. Cette couche offrit bientôt un écartement circulaire autour du fil positif, tandis que la capillarité maintint l'eau élevée en cône autour du fil négatif. J'ai répété plusieurs fois cette expérience avec le même résultat.

Ainsi, toutes les fois qu'à la surface d'un liquide un corps passe de l'état liquide à l'état solide, et cela dans un point de cette surface, il donne lieu à la production d'un courant épipolique centrifuge, en considérant comme centre le point dans lequel s'opère cette solidification. Il y a nécessairement en même temps développement de chaleur, en sorte que la force épipolique semble ici se confondre avec la force expansive du calorique, ainsi que je l'ai déjà fait observer plus haut (70); mais il est des cas où la concomitance de l'action de ces deux forces semble ne point avoir lieu : c'est ce que l'on observe surtout dans les faits exposés dans le tableau suivant. Ce tableau offre le résultat de mes expériences, dans lesquelles il y a eu production du courant épipolique centrifuge par l'emploi des liquides hydrogénés combustibles, des solutions aqueuses de plusieurs substances organiques et de l'eau. B. Prévost m'a précédé dans les expériences sur les liquides hydrogénés combustibles; il les a même plus étendues que moi, car il y a employé un assez grand nombre d'huiles essentielles. Je n'ai pas jugé que ces expériences avec les huiles essentielles associées entre elles eussent beaucoup d'intérêt. Quant aux solutions de substances organiques, B. Prévost n'a employé que l'eau gommée.

75. *Production du courant épipolique centrifuge par l'emploi des liquides combustibles , des solutions de diverses substances organiques et de l'eau.*

LIQUIDE DISPOSÉ EN COUCHE MINCE SUR UNE LAME DE VERRE.	LIQUIDE DÉPOSÉ SOUS FORME DE GOUTTE SUR LE LIQUIDE PRÉCÉDENT.
Eau.	Alcool.
Eau.	Métylène.
Eau.	Éther.
Eau.	Huile volatile ou essentielle.
Eau.	Huile fixe.
Eau.	Eau camphrée.
Eau.	Eau phosphorée.
Eau.	Eau de savon.
Eau.	Eau albumineuse.
Eau.	Eau gélatineuse.
Eau.	Eau gommée.
Eau.	Solution de dextrine.
Eau sucrée.	Eau.
Eau sucrée.	Eau albumineuse.
Eau sucrée.	Eau gélatineuse.
Eau sucrée.	Eau gommée.
Eau gélatineuse.	Eau albumineuse.
Eau gommée.	Eau albumineuse
Eau gommée.	Eau gélatineuse.
Eau sucrée, densité 1,13	Eau sucrée, densité 1,04.
Acide sulfurique concentré. . .	Eau camphrée.
Acide nitrique concentré. . . .	Eau camphrée.
Ammoniaque liquide.	Eau camphrée.
Huile fixe.	Alcool.
Huile essentielle de térébenthine..	Alcool.
Ether sulfurique.	Alcool

76. On remarquera , dans ce tableau , que la production du courant épipolique centrifuge a constamment lieu lorsque,

la surface du verre étant enduite d'une couche d'eau , on dépose sur cette couche une goutte d'un liquide hydrogéné combustible quelconque , ou une goutte d'eau qui tient en dissolution, soit un principe combustible, soit une substance organique. Je n'ai trouvé d'exception, à cet égard, que relativement à l'eau sucrée qui , à l'inverse de toutes les autres solutions aqueuses de substances organiques , produit le courant épipolique centrifuge lorsqu'elle est étendue en couche mince sur la lame de verre et qu'on dépose sur elle une goutte d'eau. L'eau sucrée se comporte ainsi , dans ce genre d'expériences, comme le ferait une solution saline.

77. Contradictoirement à l'assertion de B. Prévost , j'ai trouvé qu'une goutte d'éther sulfurique déposée sur une mince couche d'alcool , bien loin de *repousser*, comme il le dit, ce dernier liquide, y produit au contraire un courant épipolique centripète ; on voit alors la goutte d'éther, qui a été déposée fort petite , se grossir rapidement par l'afflux vers elle de l'alcool qu'elle s'incorpore par dissolution , et cela en conservant longtemps les limites qui la séparent nettement de l'alcool environnant. Il y a ici production du courant épipolique centripète. Lorsque, au contraire, on dépose une goutte d'alcool sur une mince couche d'éther, il y a production du courant épipolique centrifuge.

78. On remarquera, dans le tableau précédent, que le courant épipolique centrifuge est produit par l'eau albumineuse déposée sur une couche d'eau gélatineuse ou d'eau gommée, et que le même effet est produit par l'eau gélatineuse déposée sur une couche d'eau gommée ; ainsi l'ordre de ces trois solutions pour la puissance de produire ce courant, leur densité étant la même, est celui-ci : eau albumineuse, eau gélatineuse, eau gommée.

79. On remarquera encore, comme un fait singulier, que

la faible proportion de camphre que peut dissoudre l'eau suffit pour intervertir complétement le rôle qu'elle joue, dans ce genre d'expériences, lorsqu'on l'associe aux acides sulfurique et nitrique concentrés et à l'ammoniaque. Le courant épipolique, en effet, est dirigé des substances ci-dessus vers l'eau pure, tandis que ce courant est dirigé de l'eau camphrée vers ces mêmes substances.

80. Ces expériences conduisent directement à l'étude des mouvements du camphre sur l'eau; mais auparavant je dois jetter un coup d'œil sur l'influence qu'exerce sur ce genre de phénomènes la nature des solides à surface polie qui peuvent être employés à ces expériences.

81. Ce sont presque toujours des lames de verre que j'ai employé pour faire les expériences que je viens de rapporter; cette substance offre l'avantage d'être inattaquable par presque tous les agents chimiques. Les mêmes expériences offrent les mêmes résultats lorsqu'elles sont faites en employant des métaux dont les surfaces sont polies, et lorsqu'ils sont inattaquables par les liquides avec lesquels on les met en contact. J'ai employé avec les mêmes résultats des lames de chaux sulfatée, cristallisée, en ayant toujours soin de ne les mettre en contact qu'avec des liquides incapables de les attaquer, au moins d'une manière rapide, car la chaux sulfatée est attaquable par l'eau qui la dissout en petite quantité et avec lenteur. Ainsi, tous ces corps solides présentent les mêmes phénomènes de mouvement épipolique dans les expériences dont il s'agit. Il n'en est pas de même par rapport aux vernis dont les surfaces dures et polies, enduisant des corps solides quelconques, peuvent être mouillées par certains liquides aqueux visqueux, et par certaines solutions salines. Ainsi, on peut appliquer, sur une surface recouverte d'un vernis sec et poli quelconque, une

couche mince d'eau gommée, d'eau sucrée, ou d'une solution saline un peu dense. J'ai étendu, en couche mince, la même eau gommée sur une lame de verre, et sur plusieurs surfaces recouvertes de vernis différents. Une goutte d'eau camphrée, déposée sur la couche d'eau gommée qui recouvrait la lame de verre, produisit l'écartement rapide de cette couche autour de l'endroit où avait été déposée cette goutte ; la même eau camphrée déposée, sous forme de goutte, sur la couche d'eau gommée qui recouvrait chacun des vernis, n'y produisit aucun écartement, et cependant la couche d'eau gommée était bien moins adhérente à la surface des vernis, qu'elle ne l'était à la surface du verre. J'ai fait les mêmes expériences, avec les mêmes résultats, en employant de l'eau sucrée. J'ai choisi ici l'eau camphrée, comme liquide déposé sous forme de goutte, parce que c'est un des liquides qui, employés de cette manière, ont le plus de puissance pour produire le courant épipolique centrifuge. Lorsque, dans les mêmes expériences, j'ai substitué une goutte d'ammoniaque liquide à la goutte d'eau camphrée, j'ai observé l'écartement de la couche d'eau gommée ou d'eau sucrée, toutes les fois que le vernis sousjacent était attaquable, rapidement, par l'ammoniaque ; mais, lorsque le vernis était de nature à ne point se laisser dissoudre rapidement par l'ammoniaque (le vernis copal, par exemple), l'écartement de l'eau gommée ou sucrée qui le recouvrait n'avait point lieu ; et cependant je voyais cet écartement s'effectuer rapidement sur une lame de verre recouverte d'une couche de la même eau gommée ou sucrée.

82. L'alcool, qui attaque tous les vernis, écarte toujours l'eau gommée ou l'eau sucrée, étendue en couche mince sur leur surface.

83. Une solution de sulfate de soude ou de nitrate de potasse peut être étendue en couche mince, sur des surfaces vernies, auxquelles ces solutions adhèrent encore moins que ne le fait l'eau gommée ou l'eau sucrée. Or, cependant le dépôt, sur ces couches liquides, d'une goutte d'eau camphrée, n'y produit aucun écartement, tandis que sur une lame de verre cet écartement est très-énergique. Une lame de verre étant recouverte d'une couche mince de solution de sulfate de soude, cette couche est écartée par le dépôt, sur elle, d'une goutte de solution de sulfate de cuivre, de même densité. Cet écartement n'a point lieu en employant une surface vernie pour la même expérience.

84. On voit, par ces expériences, que le solide poli sur lequel la couche liquide est étendue exerce, selon sa nature, une influence particulière sur le développement de la force épipolique, et qu'il y a également, dans ce cas, une influence exercée par l'action chimique du liquide employé, sous forme de goutte, sur le solide poli qui est recouvert par la couche liquide.

85. J'ai expérimenté qu'une couche d'huile fixe, recouvrant une surface vernie, est écartée par une goutte d'huile essentielle de térébenthine, de la même manière que cela a lieu sur une lame de verre.

86. En résumé, les faits exposés dans ce chapitre prouvent l'existence d'une force particulière différente de l'électricité, différente du calorique, et cependant se rapprochant, à certains égards, de ce dernier. Cette force, motrice des liquides dans lesquels elle détermine des courants, est mise en action par les causes diverses qui ont été exposées ci-dessus. Nous n'apercevons point le mécanisme de l'action de ces causes qui diffèrent entre elles à nos yeux, mais qui ont certainement une similitude fondamentale, laquelle est encore pour nous un secret. Ces causes vont nous servir, comme autant de principes, pour fournir l'explication de certains phénomènes de mouvement, dont les causes paraissent avoir été mal appréciées.

CHAPITRE III.

Des mouvements du camphre et de plusieurs autres
substances sur l'eau et sur le mercure.

87. J'ai exposé dans le premier chapitre les opinions
diverses qui ont été émises sur la cause des mouvements du
camphre à la surface de l'eau et du mercure. Ces opinions
trouveront leur réfutation dans l'exposé de la cause véritable à laquelle doivent être rapportés ces mouvements,
cause qui va se déduire des observations précédentes.

88. Si l'on dépose une goutte d'eau camphrée sur de
l'eau à la surface de laquelle flottent des corps pulvérulents,
ces poussières sont vivement écartées du point, considéré
comme centre, sur lequel la goutte d'eau camphrée a été
déposée. Il n'est pas douteux que cet écartement circulaire
produit à la surface de l'eau par la goutte d'eau camphrée,
ne soit l'effet d'un courant épipolique centrifuge. Or,
lorsqu'on dépose une parcelle de camphre sur la surface de
l'eau, il se forme nécessairement autour d'elle de l'eau
camphrée, laquelle prend immédiatement la rapide extension centrifuge due au développement de la force épipo-

lique. La parcelle de camphre, environnée d'eau camphrée sans cesse renouvelée, et sans cesse projetée circulairement sur la surface de l'eau environnante, par des sortes d'explosions intermittentes, doit donc nécessairement participer, par réaction, aux mouvements du liquide qui l'environne, et recevoir de lui les mouvements de progression qu'on lui voit exécuter sur la surface de l'eau. Telle est sommairement la cause de ce phénomène que nous allons étudier dans tous ses détails.

89. Ce n'est pas seulement par son contact immédiat avec l'eau que le camphre produit un courant épipolique centrifuge à la surface de ce liquide, c'est aussi par l'accession de sa seule vapeur. Tous les liquides combustibles volatils produisent le même effet. Ainsi, en approchant de la surface de l'eau une goutte d'huile essentielle, une goutte d'alcool ou une goutte d'éther, on détermine à cette surface la production d'un courant épipolique centrifuge, qui se manifeste par l'écartement circulaire des corps légers qui flottent à cette surface, comme cela aurait eu lieu par le dépôt sur elle d'une goutte de l'un de ces liquides. Ce phénomène est occasionné par la dissolution de la vapeur du liquide combustible volatil dans l'eau; cette dissolution, opérée localement, produit ainsi le même effet que si l'on avait déposé sur la surface de l'eau une goutte d'eau chargée d'alcool, d'éther ou d'huile essentielle en dissolution. Cela donne l'explication du fait observé par B. Prévost dans son expérience citée plus haut (12), expérience dans laquelle des feuilles métalliques se mouvaient à la surface de l'eau au-dessus de laquelle était, à 20 millimètres de hauteur, une cupule contenant quelques gouttes d'éther. La vapeur de l'éther, uniformément répandue dans l'air, se dissolvait dans l'eau entre les feuilles métalliques, et non dans l'eau

que ces feuilles recouvraient, et cette dissolution locale de
la vapeur de l'éther suffisait pour produire dans cette eau
des courants épipoliques, qui mettaient en mouvement les
feuilles métalliques. Il est tout simple que des courants épipoliques centrifuges soient produits de même lorsqu'on approche de l'eau un morceau de camphre qui n'est, dans le
fait, qu'une huile essentielle concrétée et qui possède la
même volatilité. La production de ce mouvement à la surface de l'eau par un corps qui ne touche pas ce liquide et
qui n'agit sur lui que par ses émanations, a été attribuée, par
B. Prévost et par M. Biot[1], à l'effet mécanique résultant du
choc opéré par la vapeur du corps volatil sur la surface de
l'eau ; on suppose ainsi que cette vapeur est émise avec
assez d'impétuosité pour agir à la manière d'un courant
d'air ; mais l'expérience ci-dessus citée de B. Prévost est
suffisante pour infirmer complétement cette hypothèse ; en
outre, si telle était la cause de ce phénomène de mouvement, le corps volatil, duquel émanerait ce courant rapide
de fluide aériforme, devrait éprouver lui-même du mouvement par réaction, s'il était rendu facilement mobile. B. Prévost a fait à cet égard une expérience dont le résultat a été
négatif : il a suspendu une parcelle de camphre dans un air
tranquille au moyen d'un fil d'araignée, et cette parcelle de
camphre est demeurée immobile. Malgré cela, les physiciens ont continué à attribuer la production du mouvement
dont il est ici question, au choc mécanique de la vapeur
émise par le corps volatil et notamment par le camphre, se
fondant à cet égard sur les expériences de Venturi et de
B. Prévost, qui prouvent que la vaporisation du camphre
est bien plus rapide à fleur d'eau qu'en plein air. Une der-

1. Bulletin des Sciences de la Société Philomatique, t. III, p. 42.

nière expérience restait à faire pour confirmer ou pour infirmer cette théorie. Il s'agissait de répéter l'expérience ci-dessus de B. Prévost, en mettant la parcelle de camphre à fleur d'eau sans toucher ce liquide. J'ai fait cette expérience de la manière suivante : ayant collé une parcelle de camphre à un fil de soie pris au cocon, j'ai collé l'autre extrémité du fil de soie, long d'un peu moins de quatre centimètres, à l'extrémité d'un fil métallique, qui, adapté, par un mécanisme particulier, au porte-objet d'un microscope, pouvait être mu à volonté. Par ce moyen, je plaçai la parcelle de camphre, ainsi suspendue, au-dessous de la lentille objective du microscope, qui avait quatre centimètres de foyer ; un petit vase de verre rempli d'eau était au-dessous de la parcelle de camphre, qui fut amenée aussi près que possible de la surface de cette eau sans la toucher. De légères poussières flottaient à la surface de l'eau, qui, en outre, tenait en suspension des parcelles d'argile très-fines. J'avais soin de ne produire aucune agitation dans l'air. Au moment où la parcelle de camphre fut abaissée jusqu'au voisinage de l'eau, je vis les poussières flottantes à la surface de ce liquide fuir circulairement cette parcelle de camphre. J'observais en même temps les particules de l'argile très-divisée que l'eau tenait en suspension, et je les voyais animées du même mouvement d'écartement centrifuge, mouvement qui s'opérait ici par saccades répétées. Or, pendant que ces mouvements s'opéraient à la surface de l'eau et dans son intérieur, je voyais la parcelle de camphre dans l'immobilité la plus absolue ; et certes, si elle eût éprouvé le plus léger mouvement, il eût été bien facile de le voir au microscope. Cette expérience, que j'ai répétée plusieurs fois, prouve, de la manière la plus incontestable, que les mouvements observés alors, tant à la surface de l'eau que dans son intérieur, ne proviennent point de choc exercé sur ce liquide par l'émission de la vapeur du camphre ; elle prouve, cette expérience, que la vapeur du camphre s'émet paisiblement et sans force impulsive. Cette vapeur se dissout dans la partie de l'eau de laquelle elle est voisine, et forme ainsi de l'eau camphrée, laquelle, ainsi qu'on l'a vu plus haut (79), est éminemment douée de la propriété de produire, à la surface de l'eau, le mouvement épipolique centrifuge. Ainsi donc, la parcelle de camphre n'agit ici qu'en donnant à l'eau sa vapeur à dissoudre. Lorsqu'on approche une parcelle de camphre d'une mince couche d'eau étendue sur une lame de verre, il s'y opère à l'instant un écartement circulaire de cette couche d'eau, de la même manière que cela aurait eu lieu en déposant dans cet endroit une goutte d'eau camphrée. C'est donc à tort que M. Biot [1] a considéré cet écartement circulaire de la couche d'eau, par suite du voisinage d'un petit morceau de camphre, comme une preuve *certaine* du choc mécanique exercé sur cette couche d'eau par l'émission de la vapeur du camphre ; c'est à tort qu'il en a conclu, avec B. Prévost, que le camphre se meut sur l'eau par la réaction qu'il éprouverait en raison du choc mécanique que l'émission rapide de sa vapeur produirait sur l'eau environnante. Cette théorie doit être complétement abandonnée, malgré l'insistance avec laquelle M. Biot a encore récemment prétendu la soutenir [2].

90. Aucun des physiciens qui ont étudié les mouvements que le camphre exécute ou produit à la surface de l'eau,

1. Bulletin des Sciences de la Société Philomatique, t. III, p. 42.

2. Comptes rendus des séances de l'Académie des Sciences, t. XII, p. 621 et 267.

n'a eu l'idée de rechercher s'il n'y avait pas , dans cette
circonstance, des mouvements produits dans l'intérieur de
ce liquide. Ici cependant des phénomènes très-curieux se
présentent à l'observation. Pour bien voir ces phénomènes.
il faut qu'une parcelle de camphre soit placée d'une manière fixe à la surface de l'eau tenant en suspension de l'argile très-divisée. Je me sers pour cela d'un petit vase de
verre circulaire à fond plat et profond seulement de six
millimètres. Ce vase étant à peu près rempli d'eau, j'abaisse
jusqu'au contact du milieu de la surface de ce liquide une
parcelle de camphre saisie par une petite pince à ressort ,
laquelle est elle-même suspendue à une petite crémaillère,
au moyen de laquelle je puis élever ou abaisser à volonté
la parcelle de camphre. Le vase est placé auprès d'une
fenêtre bien éclairée, en sorte que je puis facilement voir,
avec une loupe, les mouvements qui ont lieu dans l'intérieur de l'eau, et cela au moyen de l'argile qu'elle tient en
suspension. Voici ce que l'on observe : l'eau de la surface
prend de tous côtés , et par saccades brusques et intermittentes, un mouvement centrifuge très-vif autour de la parcelle de camphre ; à une distance qui s'étend quelquefois
jusqu'à vingt millimètres, ce courant centrifuge se réfléchit
vers le bas , et il s'établit, dans l'intérieur de l'eau , un courant en sens inverse, c'est-à-dire centripète, lequel ramène
ce liquide et les parcelles d'argile qu'il contient vers la
parcelle de camphre. Ces deux courants qui, par leur assemblage , forment autant de circulations qu'il y a de
rayons dans le cercle dont la parcelle de camphre occupe
le centre, sont représentés, par une coupe idéale verticale,
dans la figure 3. *a* parcelle de camphre saisie et fixée à la
surface de l'eau par la petite pince à ressort *b* suspendue à
la petite cremaillère *c* ; les deux tourbillons *dd*, que repré-

sente cette coupe verticale, sont formés chacun par un courant centrifuge qui suit la surface de l'eau et par un courant centripète qui est situé dans l'intérieur de ce liquide à six ou huit millimètres de profondeur. Lorsqu'il y a des parcelles d'argile déposées sur le fond du vase et que l'eau est peu profonde, les courants centripètes inférieurs entraînent cette argile et ils accumulent en *o*, au-dessous de la parcelle de camphre, celles de ces parcelles d'argile qui sont les plus lourdes et qui par cette raison ne peuvent continuer de suivre l'eau dans son mouvement de circulation, ainsi que le font celles qui sont plus légères. On continue d'observer cette circulation concentrique dans des plans verticaux tant que l'eau possède une profondeur supérieure à quatre millimètres environ. A une profondeur moindre l'eau cesse de pouvoir circuler de cette manière ; il s'établit alors des circulations dans des plans horizontaux, et il faut employer un autre mode d'observation pour les bien voir.

91. Je mets dans un verre de montre très-aplati de l'eau qui s'y élève à 2 millimètres de hauteur et qui tient en suspension un peu d'argile très-divisée. Je dépose sur le bord de cette eau une parcelle de camphre, qui, ordinairement, y demeure fixée en s'agitant vivement. Cet appareil est soumis au microscope avec le faible grossissement de dix fois le diamètre, ce qui permet d'apercevoir un champ de sept à huit millimètres d'étendue diamétrale. On voit alors les particules d'argile, et par conséquent l'eau, affluer vers la parcelle de camphre en venant de toute la masse centrale de ce liquide, comme on le voit en *b* dans la figure 4. La parcelle de camphre *a* est fixée au bord de l'eau sur la paroi du verre de montre. Le courant central et unique *b*, arrivé dans le voisinage de la parcelle de camphre, y éprouve une apparente répulsion qui agit par saccades intermittentes et qui

le partage en deux branches, desquelles l'une se dirige vers
la droite et l'autre vers la gauche, formant ainsi deux courants latéraux effluents cc. On voit les parcelles d'argile que
contient l'eau s'éloigner sans avoir touché le camphre dont
elles ne se sont approchées que de 1/10 à 3/10 de millimètre. Parvenues à une distance variable et qui peut ne pas
dépasser le champ du microscope, les parcelles d'argile, et
par conséquent l'eau qui les tient en suspension, décrivent
une courbe qui les ramène de chaque côté dans le courant
affluent b; il s'établit ainsi deux tourbillons horizontaux
dirigés en sens inverses et qui constituent chacun une véritable circulation, laquelle s'opère dans une courbe ovoïde,
dont le petit bout est auprès du camphre et le gros bout à
la partie opposée de cette courbe. Il arrive quelquefois que
les parcelles d'argile suspendues dans l'eau au lieu de décrire, dans leur mouvement, les courbes ovoïdes dont je
viens de parler, restent auprès de la parcelle de camphre
formant par leur réunion un ou plusieurs agglomérats,
lesquels offrent un mouvement de rotation sur un axe horizontal, et cela à 1/10 ou à 2/10 de millimètre de distance
de la parcelle de camphre; j'ai même vu quelquefois
celle-ci placée, comme cela vient d'être dit, au bord
de l'eau, très-peu profonde, être enveloppée par un cordon demi-circulaire, composé de flocons d'argile, et ce
cordon demi-circulaire offrait un mouvement de rotation
sur lui-même, c'est-à-dire que chacune des parties de ce
cordon demi-circulaire et horizontal avait pour axe de
rotation une perpendiculaire horizontale à l'un des rayons
du demi-cercle, dont le cordon présentait la forme. Il est à
remarquer que, dans ce cas, les deux tourbillons représentés
par la figure 4 n'existaient point, et cela en raison de
l'affaiblissement accidentel de la force épipolique à laquelle

le camphre donnait naissance, force dont les effets ne se manifestaient plus alors que par cette rotation sur eux-mêmes des corps légers contenus dans l'eau auprès de la parcelle de camphre. Cette rotation était ainsi un diminutif des tourbillons verticaux et concentriques qui sont représentés dans la figure 3.

92. L'eau et les parcelles d'argile qu'elle tient en suspension, en arrivant par le courant b (fig. 4), auprès de la parcelle de camphre a, y éprouvent une *répulsion apparente*, ainsi que je l'ai dit plus haut (91). Cet effet répulsif, qui ne doit point être assimilé aux répulsions électriques, est produit par le choc de l'eau camphrée qui fuit la parcelle de camphre, étant entraînée dans cette direction par les courants épipoliques qui tendent à la disperser sur la surface de l'eau pure environnante. En examinant attentivement au microscope ces mouvements de répulsion apparents, on voit qu'en arrivant, par le courant affluent b, auprès de la parcelle de camphre, les parcelles d'argile reçoivent un mouvement de rotation ou demi-rotation sur elles-mêmes, au moment où elles quittent le courant affluent b pour entrer dans l'un des deux courants effluents $c\,c$. Ce phénomène, au premier coup d'œil, pouvait paraître assez piquant parce qu'il semblait offrir l'image des mouvements planétaires. On voit là, en effet, de petits corps qui se meuvent dans des courbes ovoïdes, et qui en même temps reçoivent un mouvement de rotation sur eux-mêmes, mouvement, il est vrai, qui n'est que momentané et qu'ils ne conservent pas pendant leur révolution. Ce léger prestige de l'imagination ne tarde pas à disparaître devant l'observation qui fait voir la cause de ce mouvement de rotation, ou plutôt de demi-rotation, car c'est à ceci que se borne ordinairement ce mouvement. Malgré le peu de pro-

fondeur de l'eau, dans l'expérience représentée par la fig. 4, le courant affluent *b*, et les deux courants effluents *c c*, ne sont point placés dans la même couche de ce liquide; le courant affluent *b* suit le fond de l'eau ou la surface du verre, et les deux courants effluents *c c* suivent la surface de l'eau; or, la transition du courant affluent *b* à l'un des deux courants effluents *c c* s'opère par un renversement complet et brusque de direction du mouvement, lequel dans ce moment est obliquement dirigé de bas en haut. Il doit s'ensuivre que les corps légers, suspendus dans l'eau, doivent être alors retournés sur eux-mêmes, c'est-à-dire recevoir un mouvement de demi-rotation; ce mouvement est brusque et dû à la rencontre subite de l'eau camphrée qui est étendue rapidement sur la surface de l'eau par la force épipolique.

93. C'est auprès des pointes ou des angles que possède la parcelle de camphre que se manifeste spécialement l'action de la force qui produit les courants effluents. Dans l'observation microscopique, on voit auprès de ces pointes une vibration vive et continuelle qui produit un vif mouvement dans l'eau environnante; c'est là spécialement le siége de cette réaction qui imprime du mouvement à la parcelle de camphre lorsqu'elle est libre, et qui souvent la fait tourner rapidement sur elle-même : j'ai observé que, dans ce dernier cas, la parcelle de camphre possède une pointe oblique sur laquelle existe cette sorte de vibration qui résulte de la production rapide et intermittente de l'eau camphrée à la surface de l'eau sur laquelle elle est étendue par la force épipolique, en sorte que, par l'effet d'une réaction oblique, la parcelle de camphre tourne sur elle-même. C'est un mécanisme analogue à celui qui produit la rotation d'un soleil pyrotechnique.

94. Au lieu de placer la parcelle de camphre sur le bord de l'eau, comme dans l'expérience représentée par la fig. 4, je l'ai placée au milieu de la surface de l'eau, profonde seulement de 2 millimètres. Elle était maintenue dans cette position par une petite pince à ressort, laquelle, au moyen d'un mécanisme particulier, était fixée au porte-objet du microscope, de manière que je pouvais, à volonté, l'élever ou l'abaisser. La section à fleur d'eau de la parcelle de camphre offrait accidentellement la forme représentée par la figure 5 ; elle avait deux pointes *a b*, et à chacune d'elles on observait cette vibration vive et continuelle dont j'ai parlé plus haut (93). L'eau ne contenait point encore d'argile, en sorte que je ne pouvais apercevoir distinctement les tourbillons produits dans son intérieur. Ayant ajouté à cette eau deux gouttes d'eau bourbeuse, je vis à l'instant ces tourbillons à l'aide des parcelles d'argile ; il y en avait quatre, comme on le voit dans la figure 6. Un courant effluent partait de chacune des pointes *a b* de la parcelle de camphre, et il se divisait immédiatement en deux branches, lesquelles se recourbant à droite et à gauche, venaient, en décrivant des courbes, aboutir en *i* et en *o*, où leur réunion formait deux courants affluents. Il y avait ainsi quatre circulations distinctes, ou quatre tourbillons dont les points d'origine se trouvaient aux pointes *a* et *b*, que possédait la parcelle de camphre dans sa section à fleur d'eau. Cette propriété spéciale que possèdent les parties pointues et anguleuses du camphre en contact avec l'eau pour donner naissance aux courants épipoliques est digne de remarque, et cela d'autant plus que nous aurons, dans la suite, plus d'une occasion d'observer un phénomène analogue avec d'autres substances.

95. Les mouvements produits dans l'eau par une parcelle

de camphre placée sur la surface de] ce liquide sont toujours circulatoires. C'est aux endroits où se trouvent les origines des courants effluents que commencent ces mouvements qui, faisant décrire à l'eau des courbes fermées, la ramènent par des courants affluents aux points d'origine des courants effluents. On pourrait être tenté de considérer le retour de l'eau vers les points d'origine de son mouvement, comme étant le simple effet d'un remous analogue à celui qui souvent produit des tourbillons dans l'eau des rivières, lorsque leur courant rencontre un obstacle qui le contraint de se réfléchir; mais des expériences qui seront exposées plus bas prouveront que ce n'est point ainsi que l'on doit envisager ce phénomène. Elles prouveront, ces expériences, que les courants produits par la force épipolique tendent constamment à s'accomplir dans des courbes formées en revenant vers leurs points d'origine; il est dans la nature de ces courants d'être tourbillonnants, et lorsqu'ils sont horizontaux, chacun d'eux se divise constamment en deux branches pour former deux tourbillons qui offrent une marche inverse. Ce sont là des faits donnés par l'observation; leur cause nous échappe, et tient, à ce qu'il paraît, à la nature même de la force mystérieuse qui produit ces mouvements.

96. Je dois fixer ici l'attention sur un fait dont l'importance ne sera mise en évidence que par des observations assez nombreuses qui seront exposées plus bas. En supposant une ligne droite qui passe par la parcelle du camphre, et qui divise en deux parties égales la surface de l'eau, on observe que le courant affluent b (fig. 4), qui est commun aux deux tourbillons latéraux, suit constamment cette ligne que je désignerai dorénavant sous le nom d'*axe épipolique*.

97. Les mouvements du camphre sur le mercure trouvent aussi leur explication dans le développement de la force épipolique. Le mercure a pour les corps gras ou huileux une affinité encore mal connue, et en vertu de laquelle il s'unit à ces corps, mais cela seulement par sa surface. Ainsi, lorsqu'on triture du mercure avec de la graisse, ce métal se divise en globules extrêmement ténus, dont la surface s'unit au corps gras et perd son éclat métallique. Il résulte de ce mélange un *onguent* dans lequel le mercure n'est point uni chimiquement à la graisse ; ce n'est point non plus un simple mélange ; c'est, selon ma manière de voir, une union due à la force épipolique. On peut faire adhérer de même, à la surface d'une masse de mercure, une couche extrêmement mince de graisse dont il devient très-difficile de la dépouiller. C'est cette même force épipolique qui, ainsi qu'on l'a vu plus haut (33), produit l'extension circulaire et centrifuge d'une goutte d'huile essentielle, placée à la surface du mercure. Or, le camphre est une huile essentielle concrétée, et sa vapeur, qui n'est que cette huile volatilisée, possède, pour la surface du mercure, la même *affinité épipolique* que présente si manifestement une huile essentielle liquide. Cette vapeur huileuse s'unit à la surface du mercure, et elle y prend immédiatement l'extension centrifuge, comme le ferait toute huile essentielle déposée sur un point de la surface de ce métal. Comme la parcelle de camphre repose sur la surface du mercure, il en résulte qu'elle reçoit du mouvement par réaction, et qu'elle se meut sur la surface éminemment polie de ce métal liquide. Ce mouvement n'a point lieu si cette surface possède le moindre enduit gras, ou, en général, le moindre enduit qui ternisse son éclat. Ce mouvement est arrêté par les vapeurs d'huile essentielle répandues dans l'air, ainsi que cela a lieu pour le mouvement du camphre à la surface de l'eau, et la cause en est la même ; il faut que la surface du mercure ou de l'eau qui environne la parcelle de camphre ne soit point déjà saturée de vapeur d'huile essentielle, pour que la vapeur du camphre puisse s'unir à elle, et y prendre l'extension centrifuge, en vertu de l'action de la force épipolique.

98. Le mouvement du camphre à la surface du mercure n'est point, à beaucoup près, aussi vif qu'il l'est à la surface de l'eau, et la raison en est facile à voir. D'abord la surface du mercure est bien moins mobile que ne l'est la surface de l'eau, elle se prête donc moins facilement au mouvement de progression du camphre qui, en glissant sur la surface de l'un ou de l'autre liquide, doit vaincre, sur chacun d'eux, la résistance d'un frottement et déplacer un peu le liquide qu'il touche. En second lieu, le camphre produit, tant à la surface de l'eau que dans son intérieur, des mouvements bien autrement vifs, sans aucun doute, que ne le sont les mouvements qu'il produit dans le mercure. Celui-ci, ne s'unissant à la vapeur du camphre que par sa surface, et non, comme l'eau, par une dissolution qui pénètre dans la masse liquide, ne doit point recevoir de mouvement intérieur, comme cela a lieu pour l'eau ; enfin, j'ai fait voir plus haut (42) que l'extension épipolique d'une huile essentielle est bien plus rapide sur la surface de l'eau qu'elle ne l'est sur la surface du mercure, et cette observation s'applique, par analogie, à la vapeur du camphre. Toutes ces causes doivent nécessairement amener une différence dans la vitesse et dans l'étendue des mouvements que présente la parcelle de camphre flottante sur chacun de ces deux corps liquides.

99. Les parcelles de camphre qui se meuvent sur l'eau ou

sur le mercure, éloignent d'elles les poussières qui flottent sur ces deux liquides comme si elles les repoussaient. Deux de ces parcelles de camphre exercent l'une sur l'autre la même répulsion apparente, de manière à faire croire qu'il y aurait là une répulsion électrique ; mais on conçoit facilement qu'il n'en est rien, et que cette répulsion apparente est un effet purement mécanique résultant du courant épipolique produit dans l'eau par l'eau camphrée, et sur le mercure par la vapeur condensée du camphre. Lorsque, par hasard, les parcelles de camphre viennent à se joindre, ce n'est point par l'effet d'une attraction spéciale ; c'est le simple résultat de la tendance qu'ont tous les corps légers flottants à se porter les uns vers les autres et à se joindre.

100. Ainsi, le mouvement du camphre sur l'eau et son mouvement sur le mercure dépendent d'une seule et même force, de la force épipolique. Je n'ai donc point eu besoin, pour expliquer ces deux phénomènes, d'*imaginer* une force particulière pour le mouvement du camphre sur l'eau, et d'en *imaginer* une autre également particulière pour le mouvement du camphre sur le mercure sec, ainsi que M. Biot a prétendu qu'il faudrait le faire [1] si l'on s'arrêtait aux soupçons que je manifestais sur l'existence de la force qui produit ces phénomènes, avant de l'avoir dévoilée par l'expérience. J'entrevoyais seulement alors ce que je vois clairement aujourd'hui ; je n'ai rien *imaginé*, j'ai *observé*. C'est M. Biot, au contraire, qui admettait, contre l'évidence de mes expériences, une force *imaginaire* lorsqu'il défendait, contre moi, l'hypothèse de Volta, qu'il avait adoptée et qu'il considérait comme une vérité.

---

[1] Comptes rendus des séances de l'Académie des Sciences, t. **XII**, p. **667**.

101. Le mouvement du camphre sur l'eau peut être suspendu souvent par des causes tout à fait inaperçues. On sait qu'il suffit d'ajouter à l'eau quelques atomes d'huile fixe ou essentielle pour arrêter complétement ce mouvement. On doit penser qu'alors l'huile répandue en couche excessivement mince sur la surface de l'eau s'oppose à ce que la dissolution de la vapeur du camphre s'y opère. N'y ayant plus alors de production d'eau camphrée, il n'y a plus de production de force épipolique, il n'y a plus par conséquent de mouvement du camphre. Il suffit que l'air soit chargé, même légèrement, de la vapeur d'une huile essentielle pour que le mouvement du camphre sur l'eau soit arrêté ; cela se conçoit puisque la vapeur des huiles essentielles se dissout dans l'eau, et produit ainsi le même effet que si cette huile en nature avait été ajoutée à l'eau. Bien plus, il suffit que l'air soit chargé de la vapeur du camphre lui-même pour qu'il cesse de se mouvoir sur l'eau ; c'est pour cela que son mouvement s'arrête lorsqu'on couvre le vase qui contient l'eau sur laquelle il se meut. Dans cette circonstance, la surface de l'eau tout entière devient de l'eau également camphrée ; il ne peut donc plus exister de production de courant épipolique, puisque ce courant ne prend naissance que sous la condition que l'eau camphrée n'existe, au moins d'une manière prépondérante, que sur un point de la surface de l'eau, lequel point doit être environné par une surface d'eau ou pure ou moins camphrée.

102. Toutes les émanations organiques répandues en certaine quantité dans l'air arrêtent de même les mouvements du camphre : c'est ainsi qu'on voit cet effet produit par la fumée. Il suffit que le vase qui contient l'eau, surtout si ce vase est petit, ait ses parois enduites, d'une manière tout à fait inapercevable, par des matières grasses, et même géné-

ralement par des matières animales, pour que le mouvement du camphre ne puisse avoir lieu sur l'eau contenue
dans ces vases. Cette excessive facilité avec laquelle sont
arrêtés les mouvements du camphre sur l'eau est une cause
d'erreur très-difficile à éviter dans l'appréciation des circonstances dans lesquelles ce mouvement peut ou ne peut
pas avoir lieu. S'agit-il, par exemple, de savoir si le mouvement du camphre peut avoir lieu sur l'eau à laquelle sont
ajoutés en solution des acides, des alcalis et des sels, il faut
être bien assuré qu'il n'existe dans ces expériences aucune
de ces causes inapercevables qui sont susceptibles d'empêcher les mouvements du camphre, afin de ne point rapporter aux agents chimiques dissous dans l'eau des effets qui
seraient dus à d'autres causes. J'ai publié précédemment
beaucoup de recherches de ce genre, et j'ai reconnu depuis
que plusieurs de mes expériences devaient être considérées
comme ayant pu être influencées, dans leurs résultats, par
des causes d'erreur inaperçues, du genre de celles que je
viens de signaler. Il est, par exemple, très-difficile d'obtenir des solutions salines parfaitement exemptes de substances organiques capables d'empêcher le mouvement du
camphre ; le sel marin en contient toujours, surtout lorsqu'il
est brut, tel qu'il nous vient des marais salins. Ces substances organiques, qui nagent à la surface de sa solution,
donnent souvent à cette surface les couleurs de l'iris. On ne
peut être certain, en le purifiant, de le dépouiller complétement de ces substances organiques, qui sont capables de
s'opposer à l'existence du mouvement du camphre à la surface de sa solution. Lorsqu'on le dissout en faible proportion dans l'eau, celle-ci ne se trouve contenir de même
qu'une proportion de matière organique trop faible pour
s'opposer au mouvement du camphre sur cette solution.

Lorsque celle-ci reçoit une plus grande proportion de sel, elle reçoit en même temps une proportion de matière organique plus grande, et qui peut être suffisante pour s'opposer au mouvement du camphre. On ne peut donc distinguer ici, avec certitude, ce qui dépend de la quantité de sel que contient la solution, de ce qui dépend de la quantité de matière organique que contient cette même solution. On en peut dire autant, avec plus ou moins de raison, des solutions de tous les autres sels. On doit donc renoncer à employer les solutions salines dans les expériences dont il est ici question. On en doit dire autant, peut-être, des solutions alcalines : les matières organiques qu'elles peuvent contenir y sont à l'état de savon; or, la plus petite quantité d'eau de savon, ajoutée à l'eau sur laquelle se meut le camphre, arrête le mouvement de ce dernier. Est-ce à cette cause qu'il faut attribuer l'absence du mouvement du camphre sur les solutions alcalines un peu concentrées, ou bien ce phénomène doit-il être attribué à l'influence de l'alcali? On ne peut pas considérer cette absence du mouvement comme le résulat de l'obstacle que lui opposerait la densité du liquide, car une seule goutte d'ammoniaque, ajoutée à l'eau sur laquelle se meut le camphre, arrête aussitôt son mouvement. J'ai vu ce mouvement exister assez faible sur une solution d'une partie de potasse caustique dans cinquante parties d'eau; je ne l'ai plus observé lorsque la proportion de la potasse a été plus considérable.

103. Le mouvement du camphre sur l'eau est aboli par l'addition à ce liquide de tous les acides, et cela dans les plus faibles proportions. Le camphre se mouvant très-bien sur de l'eau distillée, j'ai ajouté à cette eau 1/100 de son poids d'acide sulfurique très-pur, dont la densité était 1,85.

Le camphre est demeuré immobile sur cette eau faiblement acide. Je dois dire que le vase de verre qui contenait ce liquide avait été lavé avec soin par l'ammoniaque liquide, pour lui enlever tout enduit gras qu'il aurait pu posséder accidentellement, et qu'ensuite il avait été rempli d'acide sulfurique concentré qui y avait séjourné, et qu'enfin il avait été lavé à grande eau en évitant que sa surface intérieure fût touchée par les doigts ni par aucun autre corps que l'eau. Ainsi cette surface intérieure devait être parfaitement nette. Je ne pouvais donc attribuer ici l'absence du mouvement du camphre à l'influence d'une substance organique; je ne pouvais attribuer ce phénomène qu'à l'influence de l'acide. Or, cette eau acide, qui avait 10 millimètres de profondeur, ayant été enlevée avec une pipette jusqu'à ce que sa profondeur fût réduite à 1 millimètre, le mouvement du camphre s'établit à sa surface. Ayant à plusieurs reprises élevé et abaissé successivement le niveau de ce liquide, je vis alternativement le mouvement du camphre s'abolir et se rétablir. J'ai répété plusieurs fois cette expérience en employant d'autre eau distillée, et de l'eau de pluie; j'ai obtenu constamment les mêmes résultats. Lorsque j'ai mis dans l'eau 1/50 de son poids d'acide sulfurique, il n'y a point eu de mouvement du camphre à sa surface, même lorsque j'ai diminué autant qu'il était possible la profondeur de ce liquide. Ces phénomènes semblent ne pas pouvoir permettre de douter que le mouvement du camphre ne soit influencé par la profondeur du liquide sur lequel il est placé. J'avais annoncé précédemment ce même phénomène par rapport à l'eau pure; mais cette assertion s'est trouvée contredite par les expériences de MM. Joly et Boisgiraud, qui ont prouvé que cela n'avait jamais lieu lorsque le vase qui contenait l'eau avait été bien lavé avec de l'ammoniaque , pour lui enlever toute matière organique qui pouvait enduire ses parois. Ces physiciens ont pensé et ont prouvé, par l'expérience, que la matière organique grasse qui enduisait les parois du vase étant enlevée par l'eau à mesure que ce liquide s'élevait, se trouvait ainsi répandue à sa surface en proportion d'autant plus grande que l'eau avait plus d'élévation , en sorte que le mouvement du camphre se trouvait suspendu. En soutirant ensuite doucement l'eau avec une pipette, la matière grasse demeurait adhérente aux parois du vase , en sorte qu'après un certain abaissement du niveau de l'eau , le mouvement du camphre à sa surface pouvait se rétablir. J'ai répété les expériences de MM. Joly et Boisgiraud; je me suis assuré de leur parfaite exactitude. Toutefois, d'après les expériences faites avec l'acide sulfurique , et qui viennent d'être exposées , je ne puis me dispenser de reconnaître qu'il existe réellement une influence de la profondeur du liquide sur le mouvement du camphre placé à sa surface. Aussi, dans beaucoup de circonstances où le mouvement du camphre n'avait point lieu à la surface de certaines solutions alcalines ou salines un peu profondes , je l'ai vu s'établir en diminuant la profondeur de ces solutions jusqu'à 1 ou 2 millimètres. Les vases avaient été préalablement lavés avec soin avec de l'ammoniaque.

104. J'ai reconnu que jamais l'immersion d'un corps solide, quel qu'il soit, dans l'eau sur laquelle se meut le camphre, n'arrête le mouvement de ce dernier à moins que ce corps ne soit gras ou enduit d'une substance grasse d'une manière souvent inaperçue; j'avais annoncé que l'immersion d'une lame de zinc dans l'eau, à la surface de laquelle le camphre demeure immobile , déterminait sur-le-champ le mouvement de ce dernier. Cela n'a point lieu en employant

une lame de zinc bien décapée, mais cela a lieu effectivement en employant une lame de zinc couverte d'une couche
d'oxide. Il paraît qu'alors l'oxide de zinc s'empare par affinité de la matière grasse qui existe d'une manière inaperçue
à la surface de l'eau, et dont la disparition permet alors le
rétablissement du mouvement du camphre.

105. Le savon solide, tel que le savon commun qui est
fait d'huile et de soude, ou mieux encore le savon fait de
graisse et de soude qui sert aux usages de la toilette, étant
mis en très-petits fragments à la surface de l'eau, s'y meut,
comme le camphre, par saccades brusques et intermittentes;
mais ce mouvement ne dure pas long-temps: il s'arrête au
bout de trois ou quatre minutes, et cela, à ce qu'il paraît,
parce que le savon, s'amollissant rapidement, devient déli-
quescent dans son pourtour; il n'est plus alors en rapport
immédiat avec l'eau pure, mais bien avec sa propre solution. En soumettant au microscope une parcelle de savon
placée sur une lame de verre au bord d'une petite nappe
d'eau dans laquelle il y a de l'argile très-divisée, on voit
qu'elle y produit un mouvement de double tourbillon exactement semblable à celui qui est produit, en pareille circonstance, par une parcelle de camphre, et qui est représenté
par la fig. 4. Le courant affluent b, commun aux deux tourbillons, est de même situé dans la ligne que j'ai nommée
axe épipolique (96), ligne qui, prolongée, divise la surface de
l'eau en deux parties égales.

106. Lorsqu'on met une parcelle de savon au bord d'une petite nappe d'eau de 20 millimètres de diamètre, étendue sur
une lame de verre, et qui contient de l'argile en suspension,
on voit au microscope que l'afflux qui a lieu vers cette parcelle de savon ne s'étend guère qu'à 15 millimètres; au-
delà, l'eau demeure tranquille, les parcelles d'argile qu'elle

contient n'offrent aucun mouvement. Or, si l'on met une autre parcelle de savon, à peu près égale à la première, à la partie opposée de la petite nappe d'eau, là où cette eau n'offre point de mouvement, on observe que cette parcelle de savon, mise la dernière, ne détermine aucun afflux de l'eau vers elle; c'est vers la parcelle de savon mise la première que s'opère exclusivement cet afflux qui a lieu suivant l'axe épipolique. La seconde parcelle de savon se dissout paisiblement, elle ne produit point un double tourbillon dans l'eau, comme le fait la première. Si l'on enlève celle-ci, l'afflux de l'eau s'établit vers la seconde parcelle de savon qui est demeurée, et elle donne naissance, comme à l'ordinaire, à son double tourbillon. Il ne peut donc exister deux centres d'afflux à la fois dans une nappe d'eau de 20 millimètres de diamètre ; celui qui est le premier établi empêche le second de s'effectuer lorsque les deux parcelles de savon sont égales ; or, il n'en est plus de même lorsqu'elles sont inégales. J'ai mis une petite parcelle de savon au bord d'une petite nappe d'eau de 20 millimètres de diamètre ou environ, et après avoir observé l'afflux dont elle était le centre et les tourbillons qu'elle produisait dans l'eau, j'ai mis une plus grosse parcelle de savon à l'extrémité opposée de la nappe d'eau. A l'instant du dépôt de cette seconde parcelle de savon, l'afflux de l'eau s'établit vers elle et cessa complétement d'avoir lieu vers la première. Ainsi l'afflux de l'eau abandonne la parcelle de savon la plus petite pour se porter vers la parcelle de savon la plus grosse. Le double tourbillon, dont cet afflux est un des éléments, cesse, par cela même, auprès de la parcelle de savon abandonnée par cet afflux. Ces phénomènes n'ont plus lieu lorsque la nappe d'eau a 5 ou 6 centimètres de diamètre. Alors les deux parcelles de savon deviennent chacune le centre d'un afflux et s'environnent d'un double tourbillon.

107. Les parcelles de liége, imbibées d'huile essentielle, d'alcool ou d'éther, se meuvent sur l'eau pendant le peu d'instants qu'il faut pour que la petite quantité de ces liquides qu'elles contiennent s'unisse à l'eau par une extension épipolique. Certains extraits gommo-résineux, tels que l'opium, l'aloès succotrin, etc., étant mis en petites parcelles à la surface de l'eau, s'y meuvent de même spontanément.

108. En général, toutes les substances qui, à l'état de solution, produisent le développement de la force épipolique centrifuge lorsqu'on les dépose, sous forme de goutte, sur une couche d'eau qui enduit une lame de verre, se meuvent sur la surface de l'eau, lorsque, à l'état solide, elles sont maintenues flottantes à la surface de ce liquide; tels sont les alcalis et les acides. Par contre, ce mouvement spontané n'est point offert par les substances solides et solubles qui produisent le développement de la force épipolique centripète, lorsque leur solution est déposée, sous forme de goutte, sur une couche d'eau qui enduit une lame de verre; tels sont les sels neutres. Ainsi, des parcelles de liége, imbibées d'une solution desséchée de potasse ou de soude caustique, se meuvent sur la surface de l'eau. Il en est de même des parcelles de liége, imbibées d'une quantité d'acide sulfurique assez faible pour qu'elles puissent flotter à la surface de l'eau. Les parcelles d'acide oxalique, suspendues flottantes sur l'eau par le même moyen, s'y meuvent également. Tous ces mouvements ont une courte durée. Les mouvements de toutes ces substances sur l'eau présentent, au reste, le caractère général des mouvements qui sont dus à la force épipolique; ils sont intermittents et saccadés. L'acide tartrique cristallisé, tenu flottant à la surface de l'eau, ne s'y meut point d'une manière sensible; ce fait est

en concordance avec celui de l'extrême faiblesse de l'extension épipolique que prend une goutte de la solution de cet
acide, lorsqu'on la dépose sur une goutte d'eau qui enduit
une lame de verre (58).

109. Les cristaux des sels neutres tenus flottants à la
surface de l'eau s'y dissolvent sans offrir le moindre mouvement, à moins qu'en se dissolvant ils ne se séparent en
sel insoluble, ayant un excès de base, et en sel soluble,
ayant un excès d'acide. C'est ce que l'on observe avec le
nitrate de mercure. J'ai engagé un cristal de ce sel dans un
trou pratiqué à une lame très-mince de liége, et j'ai mis
cet appareil flotter à la surface de l'eau distillée, où il a offert
un mouvement spontané pendant tout le temps que ce
liquide a dissous du nitrate acide de mercure. Une petite
masse blanche, qui n'était que du nitrate de mercure, avec
excès de base et insoluble, est demeurée engagée dans la
lame de liége. Ainsi, dans ce cas, le mouvement épipolique
était produit, non par un sel, mais par un acide, localement
et progressivement dégagé de sa combinaison. Ce mouvement, que présente le nitrate de mercure, flottant à la surface de l'eau, est un peu lent ; il devient d'une grande rapidité lorsque l'eau est placée sur du mercure, et que le sel
est flottant sur la surface de ce métal. Ici se présentent des
phénomènes épipoliques complexes, et qui demandent une
étude à part ; je remets donc à m'occuper plus loin de l'étude
de ce phénomène.

CHAPITRE IV.

Des mouvements que présentent sur l'eau ou sur le mercure recouvert d'eau, certaines substances solides qui y
subissent des changements de nature chimique.

110. Nous avons vu jusqu'ici des corps solides se mouvoir sur l'eau ou sur le mercure par l'effet des courants
épipoliques produits par les changements d'état, sans
changement de nature de ces corps; actuellement nous
allons voir d'autres corps solides se mouvoir de même
sur l'eau ou sur le mercure recouvert d'eau par l'effet des courants épipoliques produits par les changements
de nature chimique qu'éprouvent ces corps. Pour rendre
promptement cette idée claire par un exemple, je citerai le
potassium et le sodium, qui offrent des mouvements si rapides lorsqu'on les met à la surface de l'eau, sur laquelle ils
flottent en vertu de leur moindre pesanteur spécifique. Ces
métaux décomposent l'eau dont ils prennent l'oxigène qui
les transforme en alcalis, tandis que l'hydrogène se dégage

à l'état de gaz. Le potassium s'enflamme à la surface de l'eau, en sorte qu'on ne peut douter que son mouvement ne dépende, en partie, de la réaction produite sur lui par la vaporisation de ce liquide ; il n'en est pas de même du sodium qui se meut sur l'eau sans s'enflammer et en conservant son éclat métallique. Au contact de l'eau, ce métal, en s'oxidant, s'environne d'une couche de solution de soude caustique, laquelle doit nécessairement se comporter comme le fait une goutte de solution alcaline déposée sur la surface d'une couche d'eau ; elle doit prendre immédiatement une extension centrifuge en vertu d'un courant épipolique affectant cette direction dans la couche superficielle de l'eau ; dès lors le fragment de sodium doit se mouvoir, par réaction, dans le sens opposé à celui dans lequel ce courant épipolique centrifuge a le plus de force. Comme la transmutation du sodium en soude caustique est continuelle, ce métal se trouve sans cesse enveloppé par une nouvelle solution alcaline, toujours disposée en petite masse centrale ou en *goutte* à la surface de l'eau, et par conséquent toujours en position convenable pour produire un courant épipolique centrifuge autour du fragment de sodium, lequel continue ainsi de se mouvoir jusqu'à ce qu'il soit entièrement converti en soude caustique. On voit ainsi que c'est seulement en vertu du changement de nature chimique qu'il éprouve, que le sodium se meut à la surface de l'eau, sur laquelle il n'avait par lui-même aucune tendance à se mouvoir, la nouvelle substance dans laquelle il se change étant seule capable de produire dans l'eau, par la dissolution, le courant épipolique centrifuge. Ce même courant, au reste, doit être aussi concomitamment produit, dans cette circonstance, par le dégagement de chaleur qui naît de la fixation de l'oxigène de l'eau, car, ainsi qu'on l'a vu plus haut (70), toute cause qui produit un dégagement de chaleur dans un point de la surface de l'eau, produit, en même temps, dans ce point, le développement de la force épipolique.

111. Les physiciens considèrent généralement le mouvement du potassium et du sodium, à la surface de l'eau, comme le résultat de la réaction produite sur ces métaux par le vif et rapide dégagement du gaz hydrogène, provenant de la décomposition de l'eau. On semble, en effet, être fondé pour admettre cette opinion, en voyant que ces métaux se meuvent constamment dans le sens opposé à celui par lequel ils émettent un jet rapide de bulles de gaz hydrogène ; mais on doit se demander quelle est la force qui lance ainsi, soit exclusivement, soit spécialement, d'un seul côté, les bulles du gaz hydrogène. D'après ma manière de voir, je n'hésite point à décider, *a priori*, que cette force est la force épipolique, produite à la surface de l'eau, par l'alcali caustique, et qui donne naissance à un courant dans lequel les bulles du gaz hydrogène se trouvent entraînées d'une manière passive. Ce serait ainsi ce courant centrifuge de solution d'alcali caustique qui, par réaction, déterminerait le mouvement du métal alcaligène dans un sens opposé. Quant au sens spécial dans lequel s'opère ce courant centrifuge, il serait déterminé par une cause encore inconnue, et qui dépendrait de la double influence de la surface de l'eau et de la surface du métal. Ces assertions vont cesser d'être hypothétiques, par l'observation des mouvements que présentent sur l'eau et sur le mercure recouvert d'eau les petits fragments d'alliage d'antimoine et de potassium fait suivant la méthode indiquée par Serullas [1], à qui est due l'observation première de ces mouvements. Ce

1. Journal de physique, t. xci, p. 125.

physicien a vu que ces petits fragments d'alliage, placés sur le fond d'un vase de verre , et recouverts d'une mince couche d'eau , s'y meuvent spontanément, mais lentement, et leur mouvement de progression a toujours lieu dans le sens opposé à celui par lequel ils émettent des bulles de gaz hydrogène en jets rapides [1]. En mettant ces petits fragments d'alliage sur du mercure recouvert d'une mince couche d'eau , leurs mouvements offrent une vivacité extraordinaire [2], et leur progression continue de s'effectuer dans le sens opposé à celui des jets de gaz hydrogène qu'ils émettent. Serullas a également observé leurs mouvements, en les tenant suspendus à la surface de l'eau à l'aide d'une lame mince de liége. Enfin, il a expérimenté que, placés dans la condition la plus favorable à leur mouvement, c'est-à-dire, placés sur le mercure recouvert d'eau , ces petits fragments d'alliage s'y meuvent d'autant plus difficilement que l'eau est plus profonde [3].

112. Les fragments d'alliage d'antimoine et de potassium offrent ainsi, au contact de l'eau, des phénomènes de mouvement semblables à ceux que présentent le potassium et le sodium flottants à la surface de ce liquide; ils se meuvent de même dans le sens opposé à celui dans lequel ils émettent des jets rapides de gaz hydrogène. Ces observations ont porté Serullas à attribuer tous ces mouvements à la réaction produite par cet effluve rapide de gaz hydrogène. Postérieurement, W. Herschel [1] a attribué ces mêmes mouvements, ou du moins ceux qu'on voit exécuter aux

---

1. Journal de physique, t. xci , p. 172.
2. Idem. p. 179.
3. Idem. 177.
4. Annales de chime et de physique , t. xxviii , p. 316.

fragments d'alliage d'antimoine et de potassium placés sur le mercure recouvert d'eau, à l'impulsion des courants qui, dans certaines expériences faites avec la pile voltaïque, et qui seront exposées plus bas, se manifestent à la surface du mercure amalgamé avec le potassium. Selon lui, le potassium, allié à l'antimoine, s'amalgame en partie avec le mercure et le rend ainsi positif, tandis que le fragment d'alliage d'antimoine et de potassium devient négatif, ce qui forme un couple voltaïque dont le circuit est complété par l'eau alcaline qui recouvre en couche mince le mercure. Les courants qui se forment alors sur ce dernier entraîneraient les fragments flottants d'alliage dans la direction suivant laquelle ils exposent la plus grande surface à leur action. Serullas rejeta vivement cette explication [1], et il continua de soutenir son opinion, que c'était l'effluve du gaz hydrogène qui, par réaction, déterminait le fragment d'alliage à se mouvoir. Il compare ce mouvement à celui qu'exécute très-rapidement un globule de mercure placé au fond d'une petite cupule de verre, et sur lequel on verse de l'acide nitrique. Nous allons voir que ces deux opinions ne sont ni l'une ni l'autre l'expression exacte et complète de la vérité.

113. Un fragment d'alliage d'antimoine et de potassium étant saisi par une petite pince à ressort fixée elle-même à une petite crémaillère, j'ai descendu ce petit fragment jusqu'au contact du mercure recouvert par une couche d'eau de 3 millimètres d'épaisseur. Il s'établit à l'instant un courant centrifuge concentrique, partant du fragment d'alliage et rasant la surface du mercure. Ce courant centrifuge rencontrant, à une certaine distance, sur cette surface, un

---

1. Annales de chimie et de physique, t. XXVIII, p. 192.

enduit brunâtre formé par de l'antimoine très-divisé et non
amalgamé, se réfléchit au bord de cet enduit, et le mouvement de retour vers le fragment d'alliage s'opéra dans le
voisinage de la surface de l'eau. Il s'établit ainsi un ensemble de circulations tangentes au point central occupé
par le fragment d'alliage d'antimoine et de potassium. Un
vif dégagement de bulles de gaz hydrogène avait lieu tout
autour du fragment d'alliage, mais avec plus de force dans
certains points que dans d'autres. Si le fragment d'alliage
eût été libre, il se serait mu, par un effet de recul, dans le
sens opposé à celui par lequel s'opérait cette plus forte émission de gaz hydrogène ; ce dernier sens était aussi celui
dans lequel le mouvement centrifuge qui s'opérait à la surface du mercure, et que ne suivaient point jusqu'au bout les
bulles de gaz hydrogène, était le plus fort. Ces faits prouvent qu'il existait là une force centrifuge à laquelle obéis-
saient à la fois l'eau et les bulles de gaz hydrogène, lesquelles, se joignant promptement à l'air, laissaient l'eau,
chargée de particules légères, continuer et porter plus loin
son mouvement centrifuge. Ce phénomène, au reste, se
manifeste de même, quoique avec moins de vivacité et d'extension, dans une mince couche d'eau placée sur le fond
plat d'un vase de verre, ce qui prouve qu'il faut renoncer à
voir ici, avec W. Herschel, l'effet d'un courant électrique
produit par un couple voltaïque formé par le mercure et le
fragment d'alliage d'antimoine et de potassium. Dans l'expérience faite au moyen d'un vase de verre, on peut employer l'observation microscopique, ce qui est un grand
avantage pour l'appréciation des mouvements. Je me sers,
pour les expériences de ce genre, d'un vase de verre allongé
et très-peu profond, dont le fond est plat. Je mets dans le
fond de ce vase une nappe d'eau qui n'en occupe pas toute

la longueur, et, sur la partie dépourvue d'eau du fond de ce vase, je fais glisser doucement un petit fragment d'alliage d'antimoine et de potassium jusqu'au contact de la nappe d'eau, et là, il demeure fixé en s'agitant légèrement ; l'eau contient des parcelles d'argile destinées à rendre les mouvements de ce liquide facilement apercevables, et cet appareil est soumis au microscope avec emploi d'un grossissement d'environ dix fois le diamètre. A l'instant du contact de ce fragment d'alliage avec l'eau, il semble sortir de ce dernier *a* un effluve rapide *c*, *b* (figure 7), lequel est toujours dirigé dans le sens de la ligne à laquelle j'ai donné le nom d'*axe épipolique* (96). Cet effluve est composé de bulles de gaz hydrogène et d'eau chargée de potasse caustique tenant en suspension des parcelles d'argile. La direction de ce courant effluent *c b* demeure toujours dans l'*axe épipolique*, quoique le fragment d'alliage se retourne fréquemment en s'agitant, ce qui fait que ce n'est point toujours le même côté de ce fragment qui donne naissance à ce courant effluent. Ce courant, arrivé à 5 ou 6 millimètres de distance du fragment d'alliage, perd les bulles de gaz hydrogène qu'il entraînait ; elles sortent de l'eau et s'unissent à l'air ambiant ; toutefois, le courant effluent continue sa marche, formé seulement alors par le liquide dont le mouvement est rendu visible par les parcelles d'argile. Bientôt ce courant se divise en deux branches *d d* qui, se recourbant à droite et à gauche, donnent naissance à deux courants affluents latéraux, lesquels ramènent le liquide vers le fragment d'alliage *a*, et là ce liquide retombe de part et d'autre dans le courant effluent *c b*. Il s'établit ainsi deux tourbillons accolés et dirigés en sens inverses. En continuant à observer ce phénomène, on voit les bulles de gaz hydrogène devenir moins abondantes et le courant effluent moins rapide. Alors les bulles de gaz hydrogène cessent de suivre ce courant, elles s'unissent à l'air ambiant auprès du fragment d'alliage, et le courant effluent, qui n'a point cessé d'exister, n'est plus formé que par le liquide et par les parcelles d'argile qu'il tient en suspension. Ce phénomène continue tant que le fragment d'alliage contient du potassium.

114. Il est parfaitement évident, d'après ces observations, que ce n'est point l'émission des bulles de gaz hydrogène qui produit le courant effluent $c\,b$, et que ces bulles, au contraire, ne font qu'obéir, dans cette circonstance, à l'impulsion du courant dans lequel elles se trouvent; elles sont aussi passives dans ce mouvement que le sont les parcelles d'argile qu'entraîne ce courant de liquide. Ce n'est donc point à l'effluve de gaz hydrogène qu'il faut attribuer le mouvement de déplacement qu'éprouve par réaction le fragment d'alliage d'antimoine et de potassium; Sérullas a pris ici l'effet pour la cause. Cette cause se trouve dans la force à laquelle est dû le courant effluent, force qui meut à la fois le liquide et les bulles du gaz hydrogène. Cette force est évidemment ici la force épipolique, laquelle est développée par la production locale et continuelle de la solution de potasse caustique, en contact avec la surface du fragment d'alliage, duquel émane cette potasse caustique, en contact avec la surface polie du mercure ou du verre; en contact enfin avec l'eau environnante. On a vu, en effet, plus haut (58) qu'il y a production de la force épipolique centrifuge dans une goutte, c'est-à-dire, dans une petite masse centrale de solution alcaline, lorsqu'elle est environnée par de l'eau, et cela sur une surface polie, toutes conditions qui se trouvent réunies dans l'expérience qui vient d'être exposée, avec cette différence cependant qu'ici la goutte ou la petite masse centrale de solution de potasse caustique est sans cesse renouvelée, ce qui donne de la durée au mouvement épipolique. Ce mouvement est beaucoup plus vif et s'étend beaucoup plus loin lorsque le fragment d'alliage d'antimoine et de potassium est placé sur le mercure recouvert d'eau que lorsqu'il est placé sur une lame de verre recouverte d'eau, en sorte qu'il n'est pas douteux que, dans ces expériences, la force épipolique ne soit produite avec plus d'énergie sur le surface du mercure que sur la surface du verre. Cette propriété spéciale du mercure dépend d'une cause qui nous est inconnue, cause qui rend la surface polie de ce métal liquide plus propre que toute autre surface polie solide à la production de la force épipolique, dans des conditions données (42).

115. Un fragment d'alliage d'antimoine et de potassium, placé sur le fond plat d'un vase de verre, et recouvert d'une couche d'eau, tend à s'y mouvoir; il s'y déplace par saccades; il y prendrait certainement un mouvement de progression si la surface sur laquelle il repose était mobile, comme l'est la surface du mercure. On remarque que les jets rapides par lesquels se manifeste le courant épipolique, et qui entraînent les bulles du gaz hydrogène, partent spécialement des pointes que peuvent posséder ces fragments. Il suit de là qu'il existe un courant épipolique sur la surface même du fragment d'alliage, et que ce courant trouve son issue la plus facile par toutes les pointes que possèdent ces fragments; c'est de là que ce courant fait irruption dans le liquide environnant, entraînant avec lui les bulles du gaz hydrogène. J'ai déjà fait remarquer plus haut (93-94) que c'est de même aux pointes que peut posséder une parcelle de camphre placée sur l'eau que naissent spécialement les courants épipoliques; n'y aurait-il pas là un *phénomène ana-*

logue à celui du courant ou de l'effluve électrique qui a lieu par les pointes dans les conducteurs chargés d'électricité statique ? J'ai dit un *phénomène analogue* et non un *phénomène semblable*, car l'électricité de tension ne peut exister dans un liquide conducteur. Ce que j'expose ici tendrait donc seulement à faire soupçonner que la force épipolique, cette force dont le siége s'établit sur les surfaces polies immergées dans des liquides aqueux ou sur la surface de ces liquides eux-mêmes, pourrait bien être *l'analogue aquatique de l'électricité statique aérienne.*

116. Un très-petit morceau anguleux de zinc étant placé sur le fond plat d'un vase de verre et recouvert d'une couche d'acide sulfurique étendu d'eau, on le voit se mouvoir, se déplacer par saccades brusques, en dégageant beaucoup de gaz hydrogène, et l'on remarque que c'est seulement au sommet d'un seul de ses angles que s'établit ordinairement le courant effluent, qui entraîne simultanément les bulles de gaz hydrogène et les parcelles solides et légères qui peuvent flotter dans l'acide ; alors le petit morceau de métal tend, par réaction, à se mouvoir dans le sens opposé, et il prendrait infailliblement un mouvement de progression dans ce sens, si son frottement sur la surface du verre n'y mettait obstacle. C'est encore là un exemple de l'influence des pointes sur les courants épipoliques, et nous en trouverons encore d'autres dans la suite. Le courant épipolique est produit ici par la fixation rapide de l'oxigène de l'eau décomposée sur le zinc pour former l'oxide que dissout l'acide sulfurique. J'ai fait voir, en effet, plus haut (74), que la fixation locale de l'oxigène est une des causes de la production du courant épipolique.

117. Cette observation, touchant les mouvements d'un petit morceau de zinc recouvert d'acide sulfurique, conduit

à celle des mouvements d'un globule de mercure recouvert d'acide nitrique. J'ai dit plus haut (112) que Serullas comparait ce dernier phénomène à celui du mouvement d'un fragment d'alliage d'antimoine et de potassium sur le mercure recouvert d'une couche d'eau, considérant ces deux mouvements comme dus également à un dégagement rapide de gaz. Il n'y a pas de doute que les bulles de gaz qui se dégagent tumultueusement sur toute la périphérie d'un globule de mercure couvert d'acide nitrique n'occasionnent chez lui les mêmes mouvements tumultueux ; mais il doit y avoir là, en outre, un développement de force épipolique produisant des courants irréguliers, lesquels concourent à donner au globule de mercure les mouvements si vifs qu'il offre à l'observation. La fixation de l'oxigène sur le mercure est encore ici la cause naturelle de la production des courants épipoliques, lesquels ne peuvent ici affecter aucune direction spéciale en raison de la forme constamment ronde du globule de mercure.

118. J'ai expérimenté qu'un cristal de sel marin, placé sur la surface du mercure recouvert d'une mince couche d'eau, se meut presque aussi vivement que le ferait un fragment d'alliage d'antimoine et de potassium, et la cause de son mouvement est à peu près la même. Si ce cristal est maintenu dans une position fixe sur la surface du mercure recouvert d'une couche d'eau très-mince, voici ce que l'on observe. Le cristal de chlorure de sodium s'environne promptement de sa solution aqueuse qui se grossit et s'élève autour de lui par un courant épipolique centripète, lequel, ainsi qu'on l'a vu plus haut (64), est toujours produit par la position centrale d'une goutte ou d'une petite masse de solution saline sur une couche mince d'eau qui recouvre une surface polie. Après ce premier effet, la solution de chlo-

rure de sodium se décompose ; le chlore s'unit au mercure et le sodium devient soude caustique autour du cristal de sel marin. La solution de soude caustique se trouvant ainsi, sous forme de goutte centrale, au milieu d'une mince couche d'eau qui recouvre une surface polie, prend, par cela même (58), un vif mouvement épipolique centrifuge, après quoi, le courant épipolique centripète, produit par la production centrale d'une nouvelle et petite quantité de solution saline, élève de nouveau le liquide autour du cristal de sel ; immédiatement après, la goutte centrale de soude caustique, qui s'est renouvelée, produit de nouveau le courant épipolique centrifuge, lequel alterne ainsi continuellement, et par saccades intermittentes, avec le courant épipolique centripète. Je me suis assuré de la présence de la soude caustique autour du cristal de sel marin, en plongeant dans la goutte de liquide qui l'environne l'extrémité d'une petite bande de papier de tournesol rougi. La partie immergée de ce papier se trouva ramenée au bleu. On voit les corps légers, tels que les parcelles d'argile qui sont dans la couche d'eau, être entraînés par les explosions centrifuges qui partent toujours des angles du cristal ; si ce dernier est fixé auprès de la paroi du vase, il produit dans la couche d'eau deux tourbillons exactement semblables à ceux qui sont produits par une parcelle de camphre placée de même au bord de l'eau (fig. 4), mais ils sont bien moins étendus. Le courant central, commun aux deux tourbillons, est de même dirigé selon la ligne que j'ai nommée *axe épipolique* (96). Au reste, les mouvements giratoires du cristal de sel marin, lorsqu'il est librement flottant, sont exactement semblables à ceux de la parcelle de camphre. Le chlorure de mercure formé dans cette expérience s'étendait, sous forme de couche mince, sur la surface du mercure, jusqu'à une certaine distance autour du cristal de sel marin, et c'était seulement dans cette aire, où le mercure conservait son poli naturel, qu'existaient les courants épipoliques, lesquels se réfléchissaient sur les bords de cet enduit pour revenir vers leurs points d'origine.

119. Il paraît que dans cette expérience le sodium devient soude caustique en s'emparant de l'oxigène dissous dans l'eau; car il n'y a pas de décomposition de ce liquide puisqu'il ne dégage point de gaz hydrogène. C'est peut-être pour cela que le mouvement du cristal de chlorure de sodium devient d'autant plus vif qu'il est recouvert d'une couche d'eau plus mince; il est alors plus facilement en rapport avec l'oxigène atmosphérique que lorsqu'il est recouvert par une épaisse couche d'eau. Dans ce dernier cas son mouvement devient très-lent. Doit-on, autrement, considérer ce fait comme étant du même genre que ceux qui ont été exposés plus haut (111, 112, 113), faits qui établissent l'influence qu'exerce le peu de profondeur de l'eau sur l'activité des courants épipoliques produits par les fragments d'alliage d'antimoine et de potassium ?

120. Des cristaux de nitrate de potasse, de sulfate de soude ou de sulfate de potasse, ne m'ont rien offert de semblable ; mais j'ai observé, en pareil cas, des mouvements en employant des cristaux de sulfate de cuivre, de sulfate acide d'alumine et de potasse, ou de nitrate de mercure.

121. Lorsqu'un cristal de sulfate de cuivre est placé sur le mercure recouvert d'une couche d'eau, il y prend subitement un mouvement violent, mais de peu de durée; le mercure se couvre promptement d'un enduit bronzé, ce qui prouve qu'il s'est opéré une décomposition de la solution de sulfate de cuivre formée autour du cristal, et que le cuivre s'est amalgamé avec le mercure ; l'acide sulfurique est donc

nécessairement demeuré libre, et placé ainsi en petite masse centrale autour du cristal de sel environné d'eau, il a dû y produire un courant épipolique centrifuge (58) sur la surface polie du mercure ; le développement de cette force épipolique, qui a projeté le liquide autour du cristal de sel, a produit, par réaction, le mouvement de ce dernier.

122. Un petit cristal d'alun, placé sur la surface du mercure recouvert d'une mince couche d'eau, s'y meut très-lentement et pendant un certain temps. S'il est placé d'une manière fixe on observe autour de lui des mouvements alternatifs, l'un centrifuge et l'autre centripète dans la couce minche de liquide qui environne; le mouvement centrifuge ne s'étend guère qu'à trois millimètres et il s'effectue comme par des explosions qui partent spécialement des angles du cristal et cela à environ une seconde d'intervalle. Après chaque expansion le liquide revient vers le cristal pour en être éloigné de nouveau. J'ai observé une fois dans cette circonstance deux petits tourbillons dans le liquide ; ils étaient dirigés, par rapport au cristal, comme le sont les deux tourbillons de l'eau par rapport à une parcelle de camphre (figure 4). Dans cette expérience on observe qu'il se forme un enduit blanc à la surface du mercure, enduit qui doit être du sulfate de mercure. La solution du sulfate acide d'alumine et de potasse est donc décomposée, puisqu'une partie de son acide est devenue libre ; il paraît qu'alors il se fait un amalgame de potassium ou d'aluminium ; mais ce n'est pas là la cause du double mouvement qu'on observe autour du cristal. Voici comment je pense qu'on peut l'expliquer. La solution d'alun, comme toutes les solutions salines (64) qui sont déposées sous forme de goutte centrale au milieu d'une couche mince d'eau recouvrant une surface polie, produit sur cette surface un courant épipolique centripète ;

ensuite l'acide étant rendu libre dans cette petite masse centrale de liquide, il donne lieu à la production d'un courant épipolique centrifuge (58) ; puis le cristal s'environne de nouveau d'une goutte de solution saline qui produit le courant épipolique centripète. On voit ainsi comment ces deux courants opposés sont produits alternativement.

123. Un cristal de nitrate de mercure, au moment où on le place sur la surface du mercure, recouvert d'une mince couche d'eau distillée, s'y meut violemment, en écartant brusquement la couche d'eau, en sorte qu'il demeure à sec sur le mercure. Si la couche d'eau est un peu plus épaisse, le cristal s'y meut par des mouvements saccadés qui ont peu de durée. J'ai déjà établi plus haut (109) la théorie des mouvements d'un cristal de nitrate de mercure, tenu flottant à la surface de l'eau ; j'ai fait voir que ces mouvements dépendent des courants épipoliques produits dans l'eau par la décomposition du nitrate de mercure, qui se sépare en deux parties, l'une soluble qui est du nitrate de mercure avec excès d'acide, et l'autre insoluble, qui est du nitrate de mercure avec excès de base. Le nitrate acide de mercure agit alors comme agirait l'acide nitrique s'il avait la forme d'un solide, et que sa solution s'opérât peu à peu dans l'eau, où il produirait des courants épipoliques. Or, lorsque le cristal de nitrate de mercure est placé sur du mercure recouvert d'eau, cela donne lieu à la production de phénomènes épipoliques complexes. D'abord se produisent les phénomènes épipoliques décrits plus haut (109), et qui se manifestent lorsque le cristal de ce sel est en contact avec l'eau seule : en même temps le nitrate acide de mercure agit sur le mercure par son excès d'acide, comme agirait l'acide nitrique lui-même, c'est-à-dire qu'il produit un violent courant épipolique centrifuge, ainsi qu'on a vu plus

haut (38), que cela a lieu lorsqu'une goutte de cet acide est déposée sur la surface du mercure. Ce violent mouvement épipolique se fait sentir, par réaction, au cristal de sel en train de se dissoudre, et qui peut être considéré, dans ce cas, comme de l'acide nitrique à l'état de solidité.

CHAPITRE V.

Production des courants épipoliques dans l'eau recouvrant
le mercure, par l'emploi de l'électricité voltaïque.

124. J'entre dans l'examen de ces phénomènes de mouvement si singuliers que produit l'électricité voltaïque dans les liquides aqueux qui recouvrent le mercure et dans le mercure lui-même. J'ai annoncé plus haut (19) que ces phénomènes de mouvement trouvaient leur cause dans la même force que celle qui meut le camphre à la surface de l'eau et du mercure, c'est-à-dire dans la force épipolique. Je vais exposer les faits sur lesquels j'établis les preuves de cette assertion.

125. Il est bien connu que l'électricité voltaïque peut, dans certains cas, imprimer du mouvement à la matière ; je ne parle point ici de ces mouvements moléculaires qui résultent de la décomposition ou de la recomposition des corps, mouvements invisibles, appréciables seulement par le changement de nature des corps, je n'entends parler que de ces mouvements appréciables à la vue, que les physiciens nomment *effets mécaniques du courant électrique.* On admet généralement que dans un circuit voltaïque le courant électrique marche du pôle positif au pôle négatif en parcourant le fil conjonctif qui réunit ces deux pôles. Or, plusieurs faits prouvent que les particules de matière très-mobiles, qui se trouvent dans ce trajet, reçoivent effectivement du mouvement dans ce sens. Ainsi M. Becquerel [1] a vu que deux tubes étant remplis à moitié d'argile et d'eau, les ouvertures inférieures fermées avec des bouchons percés de petits trous, un courant voltaïque qui traversait l'eau et l'argile contenue dans ces deux tubes, en se portant de l'un à l'autre par l'intermédiaire de l'eau dans laquelle ils étaient plongés tous les deux, chassait l'argile pulvérulente hors du tube au pôle positif et ne produisait point cet effet au pôle négatif. Cette expérience prouve évidemment que le courant voltaïque agit ici mécaniquement en entraînant les corps légers qui sont sur son passage. M. Aug. Delarive [2] a vu, que lors de l'expérience dans laquelle une lumière si vive est produite entre deux pointes de charbon traversées par un courant voltaïque, il y a transport du charbon pulvérulent du pôle positif au pôle négatif ; il a obtenu un résultat analogue en substituant au charbon des substances pulvérulentes, telles que le platine spongieux ou du cuivre pulvérulent réduit par l'hydrogène et tassé dans un tube. Ces faits, qui prouvent que le courant voltaïque en marchant du pôle positif au pôle négatif, au travers du corps conducteur qui réunit les deux pôles, entraîne mécaniquement avec lui les corps légers et mobiles qui sont sur son passage, semblent pouvoir donner le droit d'employer l'action impulsive

1. Traité de l'Electricité et du Magnétisme, t. I, p. 285.

2. Comptes rendus des séances de l'Académie des Sciences, t. XII, p. 911.

de ce courant à l'explication des mouvements qui ont lieu sous l'influence de l'électricité voltaïque, dans divers liquides aqueux placés sur le mercure, ou qui ont lieu dans le mercure lui-même ; l'expérience va nous montrer ce que l'on doit penser à cet égard.

126. Je commence par rappeler ce que j'ai dit plus haut (31) touchant la propriété que possède le mercure de se comporter comme les corps gras ou résineux, relativement à une goutte d'eau déposée sur sa surface. Cette goutte refuse de s'y étendre et conserve invariablement sa forme hémisphérique. Cela prouve que le mercure possède à sa surface une force épipolique semblable à celle que possèdent les corps gras et résineux.

127. On doit à Ermann [1] l'expérience suivante : une goutte d'eau étant déposée sur du mercure très-sec, elle y conserve la forme hémisphérique. Si on alors, au moyen de fils de platine, on fait communiquer le mercure avec le pôle négatif de la pile voltaïque, et la goutte d'eau avec le pôle positif, cette goutte se déprime et s'élargit ; elle revient à la forme hémisphérique lorsque le circuit est interrompu. Ermann ayant mis le fil positif en contact léger avec le sommet de la goutte d'eau, celle-ci offrit des mouvements alternatifs, et continuels, d'abaissement et d'élévation, quittant et reprenant alternativement le contact du fil ; la surface du mercure offrait, en même temps, des ondulations circulaires. Ce phénomène n'eut point lieu en employant une surface métallique solide au lieu de mercure. Ayant interverti les deux pôles de manière à faire correspondre le mercure au pôle positif, et la goutte d'eau au

1. Annales de Physique de Gilbert, t. XXXII, p. 261.

pôle négatif, cette goutte s'aplatit à demeure, et resta telle, soit qu'on ouvrît, soit qu'on fermât le circuit.

128. J'ai répété ces expériences d'Ermann. J'ai employé ici, comme dans toutes les expériences qui seront exposées plus bas , une pile à auges de vingt éléments, de 25 centimètres quarrés de surface sur chacune de leurs faces ; je chargeais cette pile avec de l'acide sulfurique très-étendu d'eau. Pour établir le circuit je me suis servi de fils de platine de 1/8 de millimètre de diamètre ; ils étaient fixés à deux de ces petites crémaillères dont on fait usage pour les lampes ; cela me donnait la facilité d'abaisser ou d'élever ces fils à volonté. Ayant mis sur la surface du mercure une goutte d'eau distillée qui y conserva sa forme hémisphérique, je mis le milieu de cette goutte en communication avec l'extrémité du fil de platine, pôle positif ; le mercure fut mis en communication avec le fil de platine, pôle négatif. Cette goutte d'eau s'aplatit d'abord, ensuite elle tendit à se relever , mais sans atteindre la convexité qu'elle avait avant l'établissement du circuit, et continua ainsi à présenter ce double mouvement. On observe ainsi dans la goutte d'eau des alternatives d'aplatissement et de resserrement , d'extension et de contraction, qui se succèdent sans cesse et par saccades ; ces alternatives d'abaissement et d'élévation de la goutte d'eau sont assez lentes, et dans leur exercice le fil de platine positif ne quitte point le contact de la goutte d'eau dans laquelle il est plongé ; on ne voit point d'ondulations sur le mercure. Si l'on interrompt le circuit, la goutte d'eau déprimée reprend sa convexité, et la partie du mercure qu'elle avait envahie en s'aplatissant demeure parfaitement sèche ; elle n'avait point été mouillée par l'eau. Lorsque j'ai mis le sommet seulement de la goutte d'eau en contact léger avec le fil positif, j'ai

déterminé, dans cette goutte d'eau, la vive palpitation accompagnée d'ondulations sur la surface du mercure, telle qu'elle a été observée par Ermann. J'ai expérimenté, comme ce physicien, qu'en plaçant le fil positif dans le mercure, et le fil négatif dans la goutte d'eau, celle-ci, perdant sa forme hémisphérique, s'étend rapidement et en couche mince sur le mercure ; elle s'abaisse de manière à abandonner le contact du fil négatif, en sorte que le circuit se trouve interrompu. Cette extension de la goutte d'eau persiste indéfiniment, même lorsqu'on rétablit le circuit dans le même sens et qu'on l'ouvre alternativement, ainsi que l'a dit Ermann. L'eau mouille alors la surface du mercure sur laquelle elle est étendue ; elle ne présente plus aucune tendance à se resserrer en goutte hémisphérique. Ermann n'a point vu ce qui arrive lorsqu'on rétablit le circuit en sens inverse, c'est-à-dire en faisant correspondre le fil négatif au mercure, et le fil positif à cette goutte d'eau étendue en couche mince, d'une manière permanente. On voit alors cette couche d'eau se resserrer brusquement, et reprendre la forme de goutte hémisphérique sur-abaissée autour du fil positif qui est en contact avec elle, et si l'on retire ce fil la goutte d'eau prend une forme très-bombée, comme si on venait de la déposer sur la surface du mercure avant toute expérience avec l'électricité.

129. Ces faits offrent des considérations importantes. La cause qui maintient dans une forme hémisphérique très-bombée une goutte d'eau déposée sur le mercure, est incontestablement l'existence d'une force épipolique semblable à celle qui existe à la surface des corps gras ou résineux. Or, l'expérience fait voir qu'en faisant communiquer le pôle négatif de la pile avec le mercure, et le pôle positif avec le milieu de la goutte d'eau, celle-ci s'aplatit d'abord et tend ensuite à se relever, double mouvement qui constitue une oscillation lente et continue, sans que cependant le fil positif quitte le contact de la goutte d'eau dans l'intérieur de laquelle il est enfoncé. Si ce même fil positif est simplement en contact léger avec le sommet de la goutte d'eau, celle-ci, dans le mouvement d'oscillation qui vient d'être indiqué, quitte et reprend alternativement le contact du fil positif, ce qui constitue le phénomène que j'ai désigné sous le nom de *palpitation*. Si le contact du fil positif avec la goutte d'eau est tout à fait interrompu, cette goutte rentre en repos en reprenant sa forme hémisphérique.

130. On ne peut se dispenser de reconnaître, dans ces phénomènes de mouvement, l'existence d'une lutte entre deux forces opposées, qui alternent dans leur existence ou plutôt dans leur prédomination. L'une d'elles, celle qui tend à resserrer la goutte d'eau sur elle-même, semble devoir être la force épipolique appartenant à la surface du mercure, et qui, semblable à celle qui existe à la surface des corps gras, s'oppose à l'extension de la goutte d'eau et la contraint à se resserrer sur elle-même lorsqu'elle a été aplatie. L'autre force, opposée à celle-ci, tend à aplatir la goutte d'eau et à l'étendre un peu sur la surface du mercure : cette seconde force semble, au premier coup d'œil, devoir être celle du courant électrique, que l'on considère généralement comme marchant du pôle positif de la pile vers le pôle négatif, en traversant le fil conjonctif qui unit ces deux pôles ; mais deux des expériences qui viennent d'être exposées font naître des doutes légitimes à cet égard. On a vu, en effet, que le mercure correspondant au fil positif et la goutte d'eau étant en communication avec le pôle négatif, cette goutte d'eau est sur-le-champ aplatie, ou

plutôt étendue en couche mince sur le mercure, et cela d'une manière permanente ; elle ne tend plus spontanément à se relever, ainsi que cela s'observait précédemment. Or, dans cette circonstance, l'extension ou l'aplatissement de la goutte d'eau s'opère dans un sens inverse de celui de la marche admise du courant électrique ; ce courant n'est donc point ici l'agent direct de cette extension, qui doit ainsi être rapportée à l'action d'une autre force, et cette force, qui prend naissance auprès du pôle négatif, est par conséquent aussi celle qui opérait le relèvement de la goutte d'eau dans le phéuomène de la *palpitation*, lorsque le mercure correspondait au pôle négatif et la goutte d'eau au pôle positif. Or, de ce qu'il est démontré que la goutte d'eau est mue, soit dans le sens du relèvement, soit dans le sens de l'aplatissement, par une force qui prend naissance au pôle négatif, et que cette force n'est point celle du courant électrique qui prend naissance au pôle positif, il résulte qu'il est permis de douter que l'aplatissement léger qu'éprouve la goutte d'eau lorsqu'elle correspond au fil positif, soit le résultat de l'impulsion opérée par le courant électrique marchant du pôle positif au pôle négatif. De nouvelles expériences vont peut-être nous apprendre quelles sont ces deux forces antagonistes qui agissent ensemble sur la goutte d'eau, et qui la compriment entre elles.

131. Les gouttes d'eau que j'employais dans ces expériences n'avaient qu'environ cinq millimètres de diamètre. J'en ai ensuite employé de plus larges afin de pouvoir observer les mouvements produits dans leur intérieur. A cet effet, je place sur le mercure, dont la surface est très-nette, une grosse goutte d'eau distillée ayant environ un centimètre de diamètre. Le fil de platine pôle positif est plongé dans cette grosse goutte d'eau, non plus dans son milieu, comme précédemment, mais excentriquement , comme on le voit en *a* dans la fig. 8. Dans cette figure, le cercle extérieur représente la circonférence du vase cylindrique qui contient le mercure ; le cercle intérieur représente la limite circulaire de la grosse goutte d'eau placée au milieu de la surface du mercure. Cette petite masse circulaire d'eau est ici très-amplifiée. Le fil de platine pôle positif *a* est placé excentriquement dans cette petite masse circulaire d'eau, le fil de platine pôle négatif est plongé dans le mercure au point *c*. On voit alors, à l'aide d'une loupe , des petites bulles de gaz hydrogène nées au point *b*, voisin du fil négatif *c*, s'avancer rapidement vers le fil positif *a ;* en arrivant auprès de ce dernier, le courant d'eau qui entraîne ces bulles de gaz se divise en deux branches, lesquelles, recevant une répulsion vive et brusque, se recourbent de chaque côté , et forment ainsi deux courants latéraux , lesquels reviennent vers le point d'origine *b* du courant primitif, et se joignent à lui de chaque côté, en sorte qu'il s'établit ainsi deux tourbillons accolés et dirigés en sens inverses. Si l'eau contient un peu d'argile très-divisée, on voit encore mieux ces deux tourbillons, et l'on acquiert ainsi la certitude que ce mouvement n'appartient point en propre aux bulles de gaz hydrogène, mais qu'il appartient réellement à l'eau qui entraîne avec elle, et les bulles de gaz hydrogène et les parcelles d'argile dans son mouvement de double tourbillon.

152. Dans cette expérience, le fil de platine correspondant au pôle négatif de la pile est plongé dans le mercure au point *c*, situé sur la prolongation de celui des diamètres de la goutte d'eau sur lequel se trouve le pôle positif *a*. Ayant transporté le pôle négatif, toujours dans le mercure, au point *d* ou au point *f*, les deux tourbillons ne changèrent pas de direction ; leur courant central et commun continua

de se trouver situé sur la ligne b, a. Ayant enfin transporté ce même pôle négatif, toujours dans le mercure, en g, il n'y eut encore aucun changement dans la direction du courant central b, a, commun aux deux tourbillons, ni par conséquent dans la position de ces deux tourbillons. Ainsi le courant central b, a est toujours situé dans *l'axe épipolique* (96), c'est-à-dire dans le diamètre de la goutte d'eau sur lequel se trouve situé le pôle positif; cela a toujours lieu quelle que soit la position du pôle négatif en dehors de la goutte d'eau et dans le mercure. Ce fait prouve bien évidemment que ce courant central b, a n'est point un courant électrique, car ce courant n'offre aucun rapport de direction avec le courant électrique, tel que les physiciens admettent qu'il existe dans le circuit voltaïque, c'est-à-dire du pôle positif au pôle négatif. En effet, le pôle positif étant constamment situé dans la goutte d'eau en a, si le pôle négatif, toujours dans le mercure, est situé en c, le courant b, a est en sens inverse du courant électrique qui marche de a en b; si le pôle négatif est situé en d ou en f, le courant électrique suit la direction a, d ou $a f$, direction qui coupe à angle droit celle du courant b, a; si enfin le pôle négatif est situé en g, le courant électrique marche de a en g et non de b en a, comme le fait le courant b, a. Ce dernier est donc très-différent du courant électrique, tel qu'on admet qu'il existe dans le circuit voltaïque; c'est très-évidemment un *courant épipolique* à double tourbillon semblable en tous points à celui qui est produit par la présence sur l'eau d'une parcelle de camphre ou de savon, ainsi que cela a été exposé plus haut (91, 105). Comparons en effet les phénomènes du mouvement produit dans l'eau par une parcelle de camphre, phénomènes qui sont représentés par la figure 4, avec les phénomènes du mouvement produit dans l'eau par l'électricité voltaïque dans l'expérience qui vient d'être exposée et à laquelle se rapporte la figure 8, et nous allons nous convaincre de leur parfaite similitude. Dans ces deux phénomènes, le courant central commun aux deux tourbillons est affluent vers le corps étranger qui touche la surface de l'eau, et les deux courants latéraux sont effluents. Dans l'un comme dans l'autre phénomène, le courant affluent, en arrivant près du corps vers lequel il se dirige, éprouve une apparente répulsion, laquelle, vive, brusque et saccadée, détermine ce courant affluent à se diviser en deux branches pour former les deux courants effluents latéraux. Dans l'un comme dans l'autre phénomène, cette apparente répulsion s'exerce à *distance*, en sorte que l'eau et les corps légers qu'elle tient en suspension se réfléchissent et prennent une marche rétrograde sans avoir touché le corps duquel semble émaner cette apparente répulsion. Dans l'un comme dans l'autre phénomène, les deux courants latéraux effluents suivent la surface de l'eau, et le courant central affluent prend sa route dans l'intérieur de l'eau en suivant la surface du corps sur lequel repose ce liquide peu profond. Enfin, dans l'un comme dans l'autre phénomène, le courant central, commun aux deux tourbillons, est constamment dirigé dans le sens de l'*axe épipolique*. Cette similitude, véritablement parfaite, des deux phénomènes, ne permet pas de douter de l'identité de leur nature; ils sont l'un et l'autre dus à la force épipolique mise en action par deux moyens différents.

133. L'observation nous a démontré (88, etc.) que les courants épipoliques prennent leur origine près de la parcelle de camphre déposée sur l'eau, que ces courants entraînent l'eau dans leur course centrifuge, et que c'est le choc de cette eau effluente sur l'eau amenée par le courant affluent qui produit sur celle-ci l'apparente répulsion brusque et saccadée qui opère la réflexion de ce courant affluent (92). Les mouvements parfaitement semblables qui s'observent dans la goutte d'eau placée sur le mercure et soumise à l'action de l'électricité voltaïque de la manière représentée par la figure 8, ont-ils un mécanisme analogue, et d'abord l'origine du courant à double tourbillon est-elle au pôle positif a? Cette dernière question doit incontestablement être résolue par l'affirmative, puisqu'on voit les deux courants effluents latéraux recevoir, par une apparente répulsion près du pôle positif a, une vive accélération de la vitesse que possédait, en y arrivant, le courant affluent b a. Or, quelle est ici la cause de cette apparente répulsion? On ne peut admettre que ce soit une répulsion électrique, car ce phénomène ne peut avoir lieu dans l'intérieur de l'eau ; cette répulsion est donc bien certainement *apparente*, comme je viens de le dire. Cela doit porter à penser que ce phénomène est dû au mouvement de l'eau qui fuit le pôle positif a, entraînée par un courant épipolique, lequel est centrifuge par rapport à ce pôle considéré comme centre. Toutefois, nous n'apercevons point quelle est ici la cause de la production de ce courant épipolique centrifuge. Dans toutes les circonstances où précédemment nous avons observé la production des courants épipoliques, dans toutes les circonstances où, dans la suite de cet ouvrage, nous observerons la production de ces mêmes courants, nous avons vu et nous verrons constamment l'existence de ces courants se lier à l'existence simultanée de l'une de leurs causes productrices, telles qu'elles ont été exposées dans le second chapitre de cet ouvrage. Cette constance de la liaison de ces phénomènes comme causes et comme effets permet de supposer que dans l'expérience dont il s'agit en dernier lieu, il existe une cause nouvelle et encore inconnue de production des courants épipoliques. Le seul phénomène chimique qui ait lieu dans l'eau pure auprès du fil de platine, pôle positif, est le dégagement du gaz oxigène résultant de la décomposition de l'eau. Or l'eau, au moment où elle perd ainsi de l'oxigène, éprouve nécessairement une modification dont la nature nous est inconnue, et l'on peut soupçonner que cette eau modifiée exerce sur l'eau pure environnante une action du genre de celles qui produisent le développement de la force épipolique ; cette eau environnante fuirait alors le pôle positif, entraînée par le courant épipolique centrifuge, et son choc brusque et saccadé produirait la répulsion apparente de l'eau amenée par le courant affluent, de la même manière qu'on a vu plus haut (92) l'eau camphrée produite auprès d'une parcelle de camphre déposée sur l'eau, fuir cette parcelle de camphre par l'effet du courant épipolique qui l'entraîne, et exercer une *répulsion apparente* sur l'eau, amenée par le courant affluent qu'elle choque dans le sens opposé à celui de son mouvement. Quelle que soit l'opinion que l'on adopte à cet égard, il ne demeure pas moins démontré que l'immersion du fil de platine, pôle positif, dans une petite masse d'eau placée sur le mercure, lequel reçoit en un point quelconque, et en dehors de la petite masse d'eau, le fil de platine pôle négatif, produit exactement les mêmes courants tourbillonnants qui sont produits, sans le concours de l'électricité voltaïque, en substituant au pôle positif a (fig. 8), une parcelle de camphre ou de savon a (fig. 4), en sorte que la dissolution d'une substance huileuse, ou à la fois huileuse et alcaline, dans l'eau, produit ici les mêmes effets que produit dans cette même eau un courant électrique employé de la manière indiquée. Les mêmes phénomènes de mouvement sont encore produits par l'alcali qui se dégage de la décomposition d'un cristal de chlorure de sodium, placé sur le mercure, recouvert d'une mince couche d'eau, ainsi qu'on l'a vu plus haut (**118**). La similitude des effets attestant ici la similitude ou plutôt l'analogie des causes, il en résulte que tous ces phénomènes de mouvement doivent également être considérés comme étant produits par des courants épilopiques. Il reste seulement à déterminer si l'électricité voltaïque exerce une *action directe* sur la production de ces courants épipoliques dans la goutte d'eau placée sur le mercure, ou si son action est simplement *indirecte*, ainsi que je l'infère de la théorie hypothétique que je viens d'exposer, théorie selon laquelle ces courants épipoliques seraient produits par l'eau modifiée auprès du pôle positif, lors de la soustraction d'une partie de son oxigène. Peut-être faut-il admettre ici et à la fois ces deux actions, l'une *directe* et l'autre *indirecte*, de l'électricité voltaïque. Je penche fortement vers cette opinion, qui sera fortifiée par la plupart des expériences qui seront exposées dans la suite de cet ouvrage.

134. Après avoir déterminé la direction des mouvements qui ont lieu dans l'intérieur de la goutte d'eau lorsque le fil de platine, pôle positif, est placé dans son intérieur d'une manière excentrique, ainsi qu'on le voit dans la figure **8**, j'ai cherché à découvrir la direction des mouvements qui, d'après l'analogie, devaient également avoir lieu dans l'intérieur de cette même goutte d'eau lorsque le fil positif correspondait à son milieu. L'observation de ce second phénomène est plus difficile, je suis parvenu cependant à l'apercevoir clairement en ajoutant à l'eau un peu d'argile très-divisée. Il s'établit sur la partie de la surface du mercure qui supporte la grosse goutte d'eau, un courant centripète qui, partant de tous les points de la circonférence de cette goutte, se dirige vers son centre occupé par le fil positif ; là, ce courant se réfléchit de toutes parts vers la circonférence en suivant la surface de la goutte d'eau, et il retombe dans le courant centripète. Cette réflexion s'opère, comme précédemment, par des saccades qui sont l'un des caractères les plus généraux du mouvement épipolique, comme je l'ai fait remarquer bien des fois (88, 90, 91, 108.).

135. Ainsi, lorsque le fil positif est placé au centre de la goutte d'eau, comme lorsqu'il est placé d'une manière excentrique dans son intérieur, il s'établit des mouvements de tourbillon dans cette goutte, seulement ces mouvements sont un peu différents dans leur direction ; mais ils ont toujours cela de commun, que dans l'un comme dans l'autre cas, le courant affluent suit la surface du mercure et que le courant effluent suit la surface de l'eau. La dépression ou l'aplattissement léger que subit la goutte d'eau lorsque le fil positif occupe son centre, est le résultat de l'action du courant centrifuge concentrique, lequel, par son impulsion, tend à agrandir la circonférence de la goutte ; celle-ci tend ensuite à se resserrer sur elle-même par l'action du courant centripète aidé par la force épipolique naturelle de la surface du mercure, force qui, semblable à celle de la surface des corps gras ou résineux, s'oppose à l'extension de la goutte d'eau.

136. Lorsque le fil positif est en contact léger avec le sommet de la goutte d'eau, le courant épipolique centrifuge et concentrique, en aplattissant un peu cette goutte, fait cesser ce contact léger. Alors le circuit étant interrompu, les deux courants centripète et centrifuge cessent, pendant un très-court instant, de posséder la cause de leur existence, sans cesser cependant d'exister, en vertu de l'im-

pulsion précédemment acquise. Le courant centripète relève donc la goutte d'eau, laquelle reprend le contact du
fil positif, et alors la force qui prend naissance auprès de ce
fil abaisse de nouveau la goutte d'eau, laquelle quitte encore le contact de ce même fil. Ainsi s'établit la *palpitation*
de cette goutte.

137. Lorsqu'on place le fil positif dans le mercure en dehors de la goutte d'eau et qu'on met ensuite celle-ci en
contact avec le fil négatif, cette goutte s'étend rapidement
sur la surface du mercure, surface qui semble alors avoir
perdu sa force épipolique naturelle, laquelle, semblable à
celle qui existe à la surface des corps gras ou résineux,
s'opposait précédemment à l'extension de la goutte d'eau.
Actuellement l'extension de l'eau n'éprouve plus aucune
résistance de la part de la surface du mercure. L'extension et
l'aplatissement de la goutte d'eau sur cette surface sont
telles, qu'il en résulte l'interruption du circuit, le fil négatif
cessant alors d'être en contact avec l'eau. Si l'on abaisse ce
fil de manière à rétablir le circuit, il ne se manifeste aucun
mouvemeut dans la couche d'eau ; si alors l'on ajoute à cette
dernière une goutte d'eau, la couche s'étend plus loin sur
le mercure sans rencontrer d'opposition à son extension.
Cependant si l'on dépose une goutte d'eau sur la surface du
mercure dans le voisinage de la couche d'eau, cette goutte
refuse, comme à l'ordinaire, de s'étendre sur cette surface
qui a continué, par rapport à elle, de posséder sa force épipolique semblable à celle que possède la surface des corps
gras ou résineux. C'est donc à son état électrique négatif
que la couche d'eau doit le privilége de s'étendre sans obstacle sur la surface du mercure pourvu de l'électricité positive, et de mouiller cette surface dont l'étendue occupée

par elle est ainsi devenue pourvue de la force épipolique semblable à celle que possède la surface du verre (26), surface qui opère naturellement l'extension d'une goutte d'eau qui est déposée sur elle. Ces faits sont importants en ce qu'ils prouvent que l'électricité voltaïque agit sur la force épipolique, et cela de manière à renverser, dans certains cas, la direction naturelle de son action.

138. Le mercure offre cela de spécial que sa surface possède, par rapport à l'eau, la même force épipolique que possède la surface des corps gras ou résineux, et qu'au contraire de ces derniers il est conducteur de l'électricité. C'est à la réunion de ces deux propriétés, que l'on pourrait croire incompatibles, que le mercure paraît devoir d'être propre à la production de phénomènes de mouvement épipolique tout à fait spéciaux, sous l'influence de l'électricité voltaïque. L'état de liquidité du mercure est d'ailleurs la condition de l'existence de ces phénomènes, qui n'ont point lieu dans une goutte d'eau déposée sur la surface d'un métal solide, ainsi que l'a expérimenté Ermann, et cependant les phénomènes électriques sont ici les mêmes. On verra plus bas que W. Herschel a vu l'alliage fusible de D'Arcet, à l'état liquide, offrir les mêmes phénomènes que le mercure, dans certaines expériences du même ordre que celles qui viennent d'être exposées. Ces phénomènes tiennent donc à une propriété particulière aux métaux liquides.

139. Les faits qui viennent d'être exposés me paraissent établir le lien naturel qui existe entre la force électrique et la force épipolique. Lorsque le mercure correspond au pôle négatif de la pile, et que la goutte d'eau correspond au pôle positif, la force épipolique naturelle de la surface du mercure, force qui tend à resserrer la goutte d'eau sur elle-même, n'est point altérée. Lorsque le mercure correspond

au pôle positif, et que la goutte d'eau correspond au pôle négatif, la force épipolique naturelle de la surface du mercure, force qui tendait précédemment à resserrer la goutte d'eau sur elle-même, a cessé d'exister ; actuellement, cette goutte d'eau tend à s'étendre en couche mince sur la surface du mercure, et elle y reste étendue à demeure dans l'absence du courant électrique, ce qui prouve à la fois et que la surface du mercure ne possédait point d'enduit gras, quoiqu'elle eût agi précédemment sur la goutte d'eau comme si elle en eût possédé un, et que la force épipolique naturelle de cette partie de la surface du mercure a changé de direction ; elle est devenue semblable à celle qui existe naturellement à la surface du verre, et cet état persiste après l'interruption du circuit. Or, cette couche d'eau, qui est étendue sur la surface du mercure d'une manière permanente, est relevée et rendue à sa forme primitive de goutte hémisphérique par le contact du fil positif, et cela d'une manière permanente, après la cessation de l'influence du courant électrique. Ainsi donc, la force épipolique naturelle de la surface du mercure a repris son mode d'action ; elle s'oppose de nouveau à l'extension de la goutte d'eau. Ainsi, d'une part, il existe un rapport entre l'état négatif du mercure et la continuation de l'existence de sa force épipolique naturelle, semblable à celle qui existe à la surface des corps gras ou résineux ; et, d'une autre part, il existe un rapport entre l'état positif du mercure et le remplacement de sa force épipolique naturelle, par une force épipolique à direction inverse et semblable à celle qui existe naturellement à la surface du verre. Ces faits, comme on le voit, semblent prouver que la force électrique et la force épipolique sont deux modifications d'un même agent impondérable. Cet agent recouvrirait tous les corps d'une atmosphère très-peu épaisse, laquelle étant mise en mouvement par des causes diverses, entraînerait dans ce même mouvement les corps auxquels elle appartient, lorsque ces corps sont fluides, la fluidité étant ici la condition de la mobilité.

CHAPITRE VI.

Production des courants épipoliques dans les liquides salins,
par l'emploi de l'électricité voltaïque.

140. Les mouvements qui sont produits par l'influence
de l'électricité voltaïque dans les liquides salins, acides ou
alcalins, recouvrant le mercure, ont été étudiés par Er—
mann[1], par Serullas[2], par W. Herschel[3], par Humphry
Davy[4], par Nobili[5], par Pfaff[6], par Runge[7] et enfin par
deux physiciens italiens Orioli et Prandi, dont je n'ai pu me
procurer les ouvrages, ce que je regrette beaucoup, tant
pour l'instruction que j'aurais pu y puiser, que pour ne pas
reproduire et donner comme m'appartenant des observa-

1. Annales de Physique de Gilbert, t. xxxii, p. 261.
2. Journal de Physique, t. xci, p. 177, et t. xciii, p. 121.
3. Annales de Chimie et de Physique, t. xxviii, p. 280.
4. Annales de Chimie et de Physique, t. xxxiii, p. 276.
5. Bibliothèque universelle de Genève, t. xxxv, p. 261.
6. Journal de Chimie et de Physique de Schweiger, t. iii, p. 190.
7. Annales de Physique et de Chimie de Poggendorff, t. xxviii,
p. 106. Bibliothèque universelle de Genève, t. xliv, p. 237.

tions que ces physiciens auraient peut-être faites avant moi. Je vais passer en revue ces divers phénomènes ; je me borne, dans ce chapitre, à l'examen de ceux qui sont produits dans les liquides salins.

141. C'est en 1809 qu'Ermann, le premier, a observé les courants qui sont produits par l'électricité voltaïque sur la surface du mercure recouvert par une couche de liquide salin. Il a expérimenté qu'une solution concentrée de carbonate de potasse recouvrant du mercure, et les deux pôles de la pile étant en communication avec la solution, il s'établit, sur la surface du mercure, un courant qui porta la solution du pôle négatif au pôle positif, où ce courant, se partageant en deux branches, se réfléchit et revint vers le pôle négatif, en formant ainsi deux tourbillons. Ayant ensuite mis le pôle négatif en communication avec le mercure, en laissant le pôle positif en communication avec la solution saline, il vit le courant prendre une direction inverse ; il marcha du pôle positif vers le pôle négatif, et, se divisant là en deux branches, il se réfléchit comme ci-dessus, pour revenir, sous forme d'un double tourbillon, vers le pôle positif et rentrer dans le courant primitif.

142. Serullas n'a point observé ces phénomènes dont l'étude n'a été reprise qu'en 1824 par W. Herschel, c'est-à-dire quinze ans après leur découverte ; cette étude a été suivie depuis par Nobili et par Pfaff. Je ne rapporterai point ici avec détail les travaux de ces physiciens sur cet objet ; je me contenterai de les exposer d'une manière très-sommaire, et cela à mesure que je rapporterai mes propres observations.

143. Je place sur une lame de verre une solution d'un sel à base alcaline, colorée en bleu par la teinture de tournesol. Je mets cette couche de solution saline en communication avec les deux pôles de la pile voltaïque, au moyen

de deux fils de platine éloignés l'un de l'autre d'environ deux centimètres. Le sel est décomposé ; l'acide se porte au pôle positif, et il rougit la teinture de tournesol ; l'alcali porte au pôle négatif où il verdit cette même teinture. On voit alors les deux liquides, l'un acide et rouge, l'autre alcalin et vert, augmenter progressivement de volume , et envahir la solution bleue par un mouvement centrifuge, lequel porte spécialement ces deux liquides l'un vers l'autre, comme on le voit dans la figure 9. Bientôt ces deux liquides se joignent, et, à leur ligne de rencontre *a b* (fig. 10), l'acide se combine avec l'alcali et recompose le sel neutre , en sorte que la ligne de jonction *a b* des deux liquides, l'un acide et l'autre alcalin , demeure bleue. Cette expérience prouve que, sous l'influence de l'électricité voltaïque, il s'établit, dans la solution saline décomposée, deux courants dirigés en sens inverses et marchant l'un vers l'autre, lesquels entraînent d'une part l'acide et d'une autre part l'alcali, jusqu'à la ligne médiane où s'opère leur rencontre. Ce phénomène se rapproche naturellement de certains autres phénomènes qui appartiennent à la force épipolique mise en action par l'électricité.

144. Voici une expérience qui est due à W. Herschel. Une petite nappe de mercure de 400 à 500 grains est couverte d'une solution de sulfate de soude. Deux fils de platine correspondant aux deux pôles de la pile, sont placés dans la solution près du mercure et aux deux extrémités de l'un de ses diamètres, comme on le voit en P N (fig. 11), il se manifeste sur la surface du mercure deux courants dirigés en sens opposés, et partant, l'un du voisinage du fil négatif N, l'autre du voisinage du fil positif P. Une couche d'oxide est repoussée de part et d'autre par ces deux courants, et elle se fixe dans une *zône d'équilibre a b*, qui ,

d'abord, est plus éloignée du fil négatif que du fil positif, comme on le voit dans la figure 11, dont l'analogie avec la figure 10 est très-remarquable, et doit faire penser que les deux courants de la figure 11 sont engendrés, comme les deux bien plus faibles courants de la figure 10, par l'extension centrifuge de l'acide et de l'alcali dégagés de la solution saline aux deux pôles. Par la prolongation de l'expérience, le courant P devient plus fort que le courant N, et il finit par anéantir ce dernier et par régner seul. On va bientôt en voir la raison. Cette expérience ne réussit pas toujours, selon W. Herschel, et effectivement, je n'ai jamais pu la reproduire en employant des masses de mercure aussi peu considérables que celle qui est indiquée par ce physicien ; il faut, pour la voir réussir, employer une nappe de mercure qui ait au moins 6 à 8 centimètres de diamètre, et que l'énergie de la pile ne soit pas trop grande. Alors les deux courants P et N (fig. 11) vus par W. Herschel, peuvent se manifester. Toutefois, j'ai lieu de penser que ce physicien s'est trompé en figurant une saillie du mercure auprès du fil positif P ; il y a toujours là, au contraire, une concavité ou une dépression de la circonférence du mercure. Il n'y a véritablement de saillie de cette circonférence qu'auprès du fil négatif N, vers lequel le mercure se porte par un mouvement de toute sa masse.

145. Voici une autre expérience du même genre qui est due à Nobili, et qui ne réussit de même qu'en employant des nappes de mercure un peu étendues. Deux fils de platine correspondant aux deux pôles de la pile ont leurs extrémités placées près de la surface du mercure recouvert d'une couche peu élevée d'une solution de sulfate de soude. Les deux fils doivent être fort éloignés l'un de l'autre, condition qui n'est cependant pas exprimée par Nobili. On ob-

serve un courant centrifuge au-dessous de chaque fil,
comme on le voit dans la figure 12, *p n*. Nobili prétend
qu'au-dessous de chacun de ces deux fils, l'un pôle positif,
l'autre pôle négatif, il y a une petite fossette à la surface
du mercure, mais cela est une erreur; il n'y a de fossette ou
de dépression qu'au-dessous du fil pôle positif; le mercure, au-dessous du fil pôle négatif, offre, au contraire,
une élévation, qu'une illusion d'optique, sans donte, aura
fait prendre à Nobili pour une dépression. Ce physicien
admet que les deux courants centrifuges, observés dans
cette expérience, sont dus, non à l'action des deux pôles
positif et négatif de la pile situés sur les deux fils de platine, mais bien à l'action des deux pôles secondaires et inverses qui sont situés à la surface du mercure au-dessous
des deux fils. Ces deux courants se rencontrent sur une ligne
moyenne *a b*. Bientôt le courant situé au-dessous du fil
positif disparaît; c'est le courant dû à l'action du pôle négatif secondaire : alors le courant situé au-dessous du fil
négatif et qui est dû à l'action du pôle positif secondaire
subsiste seul. Cette assertion est contraire à celle de
W. Herschel, qui dit que par la prolongation de l'expérience, c'est le courant situé auprès du pôle positif primitif
qui finit par régner seul. On verra plus bas ces deux assertions contradictoires se concilier. L'abolition du courant
situé au pôle négatif secondaire est attribuée par Nobili à
ce que l'oxyde formé au pôle positif secondaire, au-dessous
du fil négatif, est chassé par le couraut vers le pôle négatif
secondaire, situé au-dessous du fil positif, en sorte que
l'accumulation de cette couche d'oxyde, en privant la surface du mercure de sa mobilité, abolit le courant situé à
ce pôle négatif secondaire. Aussi Nobili a-t-il expérimenté
qu'en interposant aux deux pôles une lame de verre placée

dans la direction *a b*, de manière à couper le mercure, le courant situé au pôle négatif secondaire, persiste parce que l'oxide formé au pôle positif secondaire ne peut plus arriver jusqu'à lui, le courant qui l'entraîne de ce côté étant arrêté par un barrage ; cet oxide s'accumule alors dans l'espace occupé par le courant qui prend naissance au pôle positif secondaire, et lorsqu'il a entièrement couvert la surface du mercure dans cet endroit, le courant qui y existait s'abolit. On obtient les mêmes effets en plaçant les deux fils près de la circonférance du mercure, ainsi que cela a lieu dans l'expérience de W. Herschel, représentée par la figure 11.

146. J'ai obtenu sans difficulté les deux courants, l'un au pôle positif, l'autre au pôle négatif, même en employant le mercure en petite masse, lorsque j'ai divisé sa surface en deux parties au moyen de l'interposition d'une lame de verre aux deux pôles ; cette interposition, qui n'interrompt pas complétement la continuité du mercure, produit alors le même effet que si les deux pôles étaient fort éloignés ; elle isole les deux courants et les empêche ainsi de se nuire. Au reste, le courant situé au pôle négatif secondaire est toujours très-restreint et souvent difficile à bien apercevoir, tandis que le courant situé au pôle positif secondaire est toujours fort étendu ; c'est le courant dominateur, c'est lui qui existe seul dans la plupart des circonstances. Ainsi, dans ces expériences, il y a existence de deux courants, tous les deux centrifuges par rapport à chacun des deux pôles secondaires auxquels ils se rapportent comme à leurs centres, et tous les deux offrant une tendance spéciale vers le pôle opposé à celui qui leur donne naissance. C'est une analogie avec les deux courants bien plus lents qui sont produits aux deux pôles primitifs dans

une couche mince de solution saline placée sur une lame de verre, ainsi que cela est représenté dans les figures 9 et 10.

147. Nobili a établi l'analogie qui existe entre ces phénomènes et ceux qu'il a découverts, et qu'il a désignés sous le nom *d'apparences électro-chimiques*. Voici sommairement en quoi consistent ces derniers phénomènes.

148. Une lame polie de platine, placée sur le fond d'un vase de porcelaine, est recouverte d'une solution dont certains éléments sont de nature à se précipiter sous forme solide. Cette solution n'a qu'une très-petite profondeur. Deux fils de platine, en communication avec les deux pôles de la pile, sont mis en contact avec la solution par leurs extrémités et au-dessus de la lame de platine. Il s'établit sur cette lame des pôles secondaires, inverses de ceux que possèdent les fils de platine qui leur correspondent, et ces pôles secondaires sont assez puissants pour décomposer la solution. Le pôle négatif secondaire reçoit les éléments électro-positifs de la solution, tels que les bases métalliques; le pôle positif secondaire reçoit les éléments électro-négatifs de la solution, savoir : les acides insolubles, les oxides. Ces éléments divers, lorsqu'ils sont insolubles, se disposent en en cercle autour des pôles, et cela en alternant les uns avec les autres, de manière à représenter des cercles diversement colorés. Si les deux fils sont en contact seulement avec la solution, les cercles sont déformés; ils se compriment ou s'aplatissent dans les parties par lesquelles ils se regardent, ce qui est le contraire de ce qui a lieu pour les courants représentés par les figures 9 et 10. Si l'on veut obtenir des cercles parfaitement concentriques, il faut mettre un des fils de platine, le fil négatif, par exemple, en contact avec la lame de platine, tandis que le fil positif ne

touche que la solution. Alors la lame de platine étant toute négative, son pôle de ce nom est situé au-dessous du fil positif, et la solution décomposée dépose ses éléments électro-positifs, d'une manière parfaitement concentrique, autour du pôle négatif, sur la lame polie de platine, et cela en formant des cercles de couleurs alternativement différentes. Cette disposition me semble devoir être considérée comme le résultat d'une succession d'ondes concentriques, et je dois rappeler ici que c'est également par une succession d'ondes successives et concentriques, qu'agit la force épipolique dans certains cas, ainsi que je l'ai exposé plus haut (62). Je suis donc très-disposé à considérer les phénomènes des apparences et des mouvements électro-chimiques découverts par Nobili, comme des phénomènes *électro-épi-poliques*. Ce physicien passant de là aux phénomènes de mouvement qui ont lieu sur le mercure recouvert d'une solution saline, laquelle communique avec les deux pôles d'une pile, considère tous ces phénomènes comme identiques, à cela près qu'il n'y a point de mouvements dans la solution lorsque l'expérience est faite sur une surface métallique solide, tandis que cette solution présente des mouvements lorsque la même expérience est faite sur le mercure, et cela, selon Nobili, à cause de la grande mobilité de ce métal, qu'il considère comme étant le siége primitif de ces mouvements qui seraient communiqués par lui au liquide qui le recouvre. Ces mouvements toutefois n'ont lieu, suivant ce physicien, que lorsque l'on emploie en solution des sels à base d'alcali, dont les métaux ne peuvent, ni leurs oxides, demeurer solides à la surface du mercure, tandis qu'il y a absence de ces mêmes mouvements lorsqu'on emploie des solutions de sels à base métallique, dont les métaux, par leur oxidation, forment des enduits qui recouvrent la surface du mercure et lui ôtent sa mobilité. J'examinerai plus bas la valeur de cette assertion ; je me borne ici à reconnaître l'exactitude de l'analogie établie par Nobili, entre les mouvements que produisent les *apparences électro-chimiques* sur un métal solide, et les mouvements qui ont lieu dans les liquides qui recouvrent le mercure, lorsque ces liquides sont en communication avec la pile voltaïque.

149. Les deux sortes de phénomènes dont l'analogie est établie ici par Nobili, offrent de même, aux deux pôles voltaïques, le dépôt des éléments de la solution saline décomposée, et par suite la production d'un courant centrifuge autour de chacun de ces deux pôles. Ces courants sont lents sur la surface polie d'un métal solide, ils sont vifs sur la surface du mercure, et dans l'un comme dans l'autre cas ils ont lieu dans la solution. Lorsque c'est un sel à base alcaline qui forme cette solution, l'acide se porte au pôle positif, et l'alcali au pôle négatif. Ces deux éléments du sel déposés ainsi en petite masse, et chacun sur un point de la surface polie du mercure, recouverte d'une couche de solution saline, doivent nécessairement y produire chacun un courant épipolique centrifuge, d'après les principes qui ont été établis plus haut (58). Ces courants reçoivent, de la part de l'électricité voltaïque, une impulsion particulière qui modifie ordinairement leur direction centrifuge concentrique, et leur donne une tendance spéciale vers l'un des points du cercle ; cette tendance spéciale porte les deux courants l'un vers l'autre lorsque l'expérience est faite sur une lame de verre, comme on le voit dans les fig. 9 et 10 ; alors ce sont les deux pôles primitifs qui agissent, car le verre n'étant point conducteur, ne peut prendre des pôles secondaires. Ce sont, au contraire, les pôles secondaires qui

agissent lorsque l'expérience est faite sur une lame de platine ou sur le mercure, mais dans ces deux cas les effets produits ne sont pas tout à fait les mêmes. Il y a bien également production de deux courants centrifuges ; mais sur la lame de platine ces courants semblent se repousser à distance, ce qui déforme les cercles des *apparences électro-chimiques*, tandis que sur le mercure les deux courants centrifuges, quoique nés aux deux pôles secondaires, tendent spécialement l'un vers l'autre, comme on le voit dans la fig. 12. C'est en cela, seulement, qu'il existe une inexactitude dans l'analogie établie par Nobili entre les phénomènes présentés par les apparences électro-chimiques, et les phénomènes présentés par les courants qui ont lieu sur le mercure recouvert par des liquides en communication avec la pile voltaïque. Au reste, de même que, dans certains cas, les apparences électro-chimiques sont parfaitement circulaires, ainsi, dans des cas analogues, les courants qui ont lieu sur le mercure, s'opèrent suivant les rayons d'un cercle régulier, ainsi qu'on le verra plus bas.

150. Il reste à déterminer pourquoi ces mouvements sont si lents sur la surface polie d'un métal solide recouvert par une solution saline, et pourquoi ces mêmes mouvements sont si vifs, si impétueux même quelquefois, sur la surface du mercure, recouverte par la même solution. L'observation n'apprend rien sur la cause de cette différence, qui ne peut être attribuée à la seule mobilité du mercure, puisque, d'après mes observations, le siége de ces mouvemens est essentiellement dans la solution, ainsi qu'on le verra plus bas, Je suis porté à penser que le mercure, en raison de son état liquide, possède des conditions de force épipolique que ne possède point au même degré, à beaucoup près, un métal solide et poli. On a vu, en effet, plus

haut (42), combien est grande la différence de l'énergie du courant épipolique centrifuge produit par une goutte d'huile essentielle déposée sur la surface polie d'un métal solide, ou sur la surface éminemment polie du mercure parfaitement net. On a vu que ce courant centrifuge est encore bien plus rapide sur la surface de l'eau qu'il ne l'est sur la surface du mercure. J'en ai conclu, que plus la liquidité des corps est grande, que plus ces corps sont éloignés de l'état de solidité, plus ils sont propres à la production des courants épipoliques. Ceci explique pourquoi le mercure est le seul métal qui, dans l'état naturel, présente la propriété de produire des mouvements électro-épipoliques très-marqués dans les liquides qui le recouvrent, et qui sont mis en communication avec la pile voltaïque. W. Herschel a expérimenté que l'alliage fusible de D'Arcet, à l'état liquide, offre la même propriété ; ce qui achève de prouver que celle-ci dépend essentiellement de la liquidité du métal.

151. Malgré les recherches nombreuses qui ont été faites par d'habiles physiciens sur les phénomènes de mouvement dont il est ici question, non-seulement on n'est pas remonté à leur cause, mais on n'a même pas déterminé leur mécanisme ; cela provient de ce que ces expériences n'ont pas été assez variées. On a presque toujours employé des petits vases pour faire ces expériences, en sorte qu'on n'a point observé, par exemple, ce qui arrive lorsque les pôles voltaïques plongés dans le liquide qui recouvre le mercure sont fort éloignés de ce métal.

152. J'ai rempli de mercure un petit vase cylindrique de verre de 32 millimètres de diamètre. Le contour de ce vase est représenté par le cercle intérieur dans la fig. 13. J'ai placé ce vase au milieu d'un vase de verre de 11 centimètres de diamètre, dont le contour est représenté, dans la

même figure, par le cercle extérieur dont le diamètre a été tenu ici proportionnellement trop petit, afin de ménager l'espace destiné aux figures. La même réflexion devra être appliquée à plusieurs des figures qui suivront celle-ci. J'ai versé dans le grand vase une solution saturée de sulfate de soude jusqu'à ce que la surface du mercure fût recouverte d'une couche de cette solution de 2 millimètres d'épaisseur. Je mis les deux fils de platine pôle positif P et pôle négatif N dans la solution à 35 millimètres du mercure et sur le même diamètre. Au moment de l'établissement du circuit, il y eut une secousse dans le mercure; des parcelles d'argile, qui étaient déposées sur sa surface, éprouvèrent un mouvement qui les fit marcher un peu dans la direction du fil négatif au fil positif; mais il ne s'établit point de mouvement continu; tout demeura en repos. J'approchai peu à peu le fil négatif du mercure, et ce ne fut que lorsqu'il se trouva à environ 5 millimètres du mercure, qu'il se manifesta, sur la surface de ce métal, un courant dirigé du fil négatif N vers le fil positif P, ou plutôt dirigé en ligne droite du pôle positif secondaire p vers le pôle négatif secondaire n, situés l'un et l'autre sur la circonférence du mercure en regard des fils de platine qui possédaient les pôles primitifs inverses. Ce courant, arrivé près de l'extrémité du diamètre du mercure, se divisa en deux branches qui, se recourbant de droite à gauche, comme on le voit dans la figure, formèrent deux courants latéraux qui vinrent rejoindre le courant central près du lieu de son origine. Ce courant, à double tourbillon, ne dura que pendant quelques secondes; le repos lui succéda et dura à peu près pendant le même temps; ensuite il s'établit un courant en sens inverse, c'est-à-dire dirigé du pôle secondaire négatif n vers le pôle positif secondaire p, comme on le voit dans la fig. 14. La cause matérielle de cette inversion du courant a été trouvée par W. Herschel. Cette cause est l'amalgamation du sodium avec le mercure.

153. L'action de la pile sur la solution saline produit une double décomposition. Le sel est décomposé, l'alcali se porte au pôle négatif, et l'acide se porte au pôle positif. En outre, l'alcali est décomposé; le métal qui lui sert de base, métal qui est ici le sodium, se porte au pôle négatif; l'oxigène, qui était uni à ce métal, se porte au pôle positif. Ces actions ont lieu, non-seulement aux deux pôles primitifs P et N (fig. 13 et 14), mais aussi aux deux pôles secondaires p et n, situés sur le mercure. Le pôle positif secondaire p reçoit donc de l'acide, tandis que le pôle négatif secondaire n reçoit de la soude caustique et du sodium. Ce dernier s'amalgame immédiatement avec le mercure. Cet amalgame devient encore plus chargé du métal de l'alcali si l'on met le fil négatif N en contact avec le mercure. Alors il n'y a plus de pôles secondaires p et n, le mercure amalgamé avec du sodium est tout entier négatif, et le courant à double tourbillon continue d'exister tel qu'il est représenté par la fig. 14; j'étudierai plus bas ce nouveau phénomène.

154. Lorsqu'on met le fil positif en contact avec le mercure, tandis que le fil négatif est en contact avec la solution saline, un enduit opaque envahit rapidement toute la surface du mercure, et le mouvement circulatoire s'arrête. Si l'on replace le fil positif dans la solution, l'enduit opaque est repoussé vers le pôle négatif secondaire, et le mouvement du liquide se rétablit seulement sur la partie de la surface du mercure qui est devenue nette; ce mouvement, qui ne peut exister que sur la surface polie du mercure, se réfléchit au bord de l'enduit opaque.

155. J'ai répété plusieurs fois l'expérience à laquelle se rapporte la fig. 13, expérience dans laquelle les deux pôles

communiquent avec la solution saline ; toujours j'ai vu le courant, tel qu'il est représenté dans cette figure, n'avoir que la durée la plus éphémère ; quelquefois même ce courant ne se manifestait point du tout. Ces expériences étaient faites en été par une température supérieure à + 15 degrés C. Je les repris pendant l'hiver et par une température de + 6 degrés et au-dessous. Alors le même courant, représenté par la fig. 13, courant qui était d'une durée si courte pendant l'été, devint persistant pendant 15 à 20 minutes, et lorsque après ce temps il se fut aboli, il ne fut point remplacé par le courant inverse représenté par la fig. 14, ainsi que cela avait eu lieu précédémment, lorsque la température était plus élevée. Ces phénomènes sont dus à ce que, par le fait de l'abaissement de la température, la décomposition de la soude pour dégager le sodium, et par conséquent l'amalgamation de ce métal avec le mercure s'opéraient avec bien moins de vitesse et en bien moins grande quantité que lorsque la température était élevée. Cette quantité de sodium amalgamé ne devenait suffisante pour abolir le courant représenté sur la fig. 13 qu'après une durée de 15 à 20 minutes de l'expérience, et encore cette quantité du sodium amalgamé était-elle insuffisante pour que le courant inverse, représenté par la fig. 14, pût s'établir. Ce n'est ainsi que favorisé par l'abaissement de la température que j'ai pu obtenir pour le courant représenté par la fig. 13, une durée suffisante pour qu'il me fût possible d'étudier son mécanisme.

156. Par une température de + 4 degrés C., j'ai établi l'expérience comme il a été dit plus haut (152), et j'ai obtenu le courant à double tourbillon représenté par la figure 13. Alors j'ai transporté le fil positif P successivement au point a et au point b en le tenant toujours plongé dans

la solution saline. Le courant à double tourbillon n'a éprouvé aucun dérangement dans sa direction ni dans son activité. Enfin, ce même fil positif, toujours plongé dans la solution, a été transporté au point c, en sorte que le fil négatif N s'est trouvé intermédiaire au fil positif et au mercure ; le courant à double tourbillon n'a encore éprouvé aucun dérangement. Ainsi, le courant central commun aux deux tourbillons est demeuré constamment situé dans le diamètre du mercure dont la prolongation passait par le pôle négatif N et fuyant ce même pôle, se tenant ainsi constamment dans la ligne que j'ai désignée sous le nom d'*axe épipolique*.

157. J'ai fait une autre fois la même expérience par une température de + 2 degrés, et cette fois, au lieu de promener le fil positif dans la solution saline autour du mercure, j'ai fait éprouver la même révolution au fil négatif N en laissant le fil positif P à sa place ; le courant à double tourbillon s'est déplacé à mesure que je déplaçais le fil négatif, son courant central demeurant constamment dans l'*axe épipolique*, c'est-à-dire dans le diamètre du mercure, dont la prolongation passait par ce même fil négatif. Ce résultat n'était pas douteux d'après l'expérience précédente dont celle-ci n'était que la contre-épreuve ; mais un autre résultat de cette seconde expérience, et qui ne pouvait être prévu, fut celui-ci. Après avoir transporté le fil négatif N au point d, et avoir obtenu un double tourbillon dont le courant central était dirigé selon le diamètre df du mercure, je replaçai ce fil négatif au point N. Alors le courant central commun aux deux tourbillons cessa d'être placé dans le diamètre du mercure, dont la prolongation passait par le fil négatif, comme cela se voit dans la figure 13 ; ce courant central s'infléchit vers le point d, auprès duquel le

fil négatif avait été précédemment placé , en sorte que le double tourbillon prit la direction oblique représentée par la figure 15. Ayant, après quelques minutes, transporté le fil négatif au point *f*, le courant central commun aux deux tourbillons fut dirigé, comme à l'ordinaire, selon le diamètre du mercure *f d ;* puis, ayant de nouveau replacé le fil négatif en N , le double tourbillon s'infléchit vers le point *f*, ainsi que cela est représenté dans la figure 16. Je reviendrai plus bas sur les conclusions que l'on doit tirer de cette expérience. Je continue l'exposition des faits.

158. L'expérience est toujours établie comme il a été dit plus haut (152), seulement, j'élève la solution saline à 4 ou 5 millimètres au-dessus de la surface du mercure contenu dans le petit vase de verre placé au milieu du vase plus grand qui contient la solution saturée de sulfate de soude. La température est à + 5 degrés. Le fil positif P (figure 17) est toujours placé dans la solution loin du mercure ; le fil négatif N est placé dans la solution au-dessus du centre du mercure, sur la surface duquel il y a une très-petite quantité d'argile très-divisée, destinée à rendre les mouvements facilement apercevables. Il s'établit, à la surface du mercure, un courant centrifuge concentrique , lequel , souvent, ne s'étend pas jusqu'à la circonférence de ce métal ; arrivé à la limite de son extension , ce courant centrifuge se réfléchit vers le haut, et il devient concentriquement centripète en suivant la surface de la solution. En arrivant auprès du fil négatif, on voit les parcelles d'argile, et par conséquent le liquide qui les charrie, recevoir une vive et brusque répulsion par saccades intermittentes, et cela sans avoir touché ce fil négatif ; le liquide affluent retombe ainsi dans le courant centrifuge qui continue d'exister à la surface du mercure. En même temps on observe une palpitation du mer-

cure, qui s'élève et s'abaisse successivement au-dessous du fil négatif, mais sans parvenir à le toucher. Ce phénomène prouve bien évidemment que la force qui est ici en exercice est intermittente dans son action ; elle aplatit le mercure par saccades successives, et ce métal liquide se relève pendant l'intermittence de l'action qui l'avait aplati. Ce phénomène devient encore plus apparent lorsqu'on abaisse l'extrémité du fil négatif jusqu'au contact très-léger de la surface du mercure ; alors ce dernier s'abaisse et se relève successivement au-dessous du fil négatif, quittant et reprenant alternativement le contact de ce fil. Il résulte de là des ondulations très-marquées sur la surface du mercure ; je fais remarquer ici que l'intermittence de l'action est un des caractères de la force épipolique, ainsi que je l'ai dit plus haut (108).

159. Au lieu de mettre le fil négatif dans la solution au-dessus du milieu du mercure, ainsi que cela est représenté dans la figure 17, je place ce même fil négatif au-dessus d'un autre point de la surface du mercure, et toujours en contact seulement avec la solution saline, ainsi que cela est représenté par la figure 18. J'obtiens encore un courant centrifuge autour du fil négatif et sur la surface du mercure, mais ce courant centrifuge est incomplet en ce qu'il paraît privé de ses rayons au côté où le fil négatif N est le plus voisin de la circonférence du mercure. Cette privation, sans doute, n'est qu'apparente et provient de la faiblesse des courants rayonnants qui sont dirigés de ce côté. Lorsque le fil négatif N est placé au point a au-dessus de la circonférence du mercure, les courants rayonnants qui partent du point de cette circonférence, qui est situé au-dessous de ce fil négatif, se dirigent vers tous les autres points de cette circonférence. Dans toutes ces circonstances, les courants

rayonnants effluents qui suivent la surface du mercure se réfléchissent vers la surface de la solution saline, et prennent là une marche inverse ou affluente qui les ramène vers leur point d'origine, où ils redeviennent courants rayonnants effluents. Si l'on diminue la hauteur de la solution saline au-dessus de la surface du mercure, de manière à la réduire à 1 ou 2 millimètres, la circulation ne pouvant plus s'opérer dans deux plans superposés du liquide salin, prend la forme d'un double tourbillon, ainsi que cela est représenté par la figure 13. Le courant effluent unique et médian, est alors situé à peu près dans le même plan que les deux courants effluents latéraux.

160. Dans l'expérience à laquelle se rapporte la figure 13, le mercure était contenu dans un petit vase de verre, placé au milieu d'un vase de verre plus grand ; ce petit vase avait 15 millimètres de hauteur, et, par conséquent, la solution saline qui recouvrait le mercure d'une couche de 2 millimètres d'épaisseur, avait, en dehors du mercure, environ 18 millimètres de profondeur. Or, dans cet état de choses, le courant à double tourbillon ne s'est manifesté que lorsque le fil négatif N s'est trouvé assez près du mercure ; ce fil étant tenu plus éloigné, le courant n'avait point lieu. Or, j'ai expérimenté qu'en diminuant considérablement la profondeur de la solution saline, en dehors du mercure, le courant à double tourbillon se manifestait malgré l'éloignement où je tenais le fil négatif du mercure. Pour faire cette expérience, j'ai cessé de mettre le mercure dans un petit vase à part, je l'ai placé dans une concavité peu sensible que possédait dans son milieu le fond, en apparence plat, d'un vase de verre de 11 centimètres de diamètre, dont le contour est représenté par le cercle extérieur dans la figure 19. La petite nappe de mercure, dont le contour est représenté

par le cercle intérieur dans la même figure, est placée ainsi au milieu du vase ; elle avait environ 30 millimètres de diamètre ; elle fut recouverte d'une solution saturée de sulfate de soude, qui s'élevait seulement à 1 millimètre au-dessus de sa surface. De cette manière, la solution saline n'avait guère que 4 millimètres de profondeur en dehors du mercure. Je mis les deux fils positif P et négatif N dans la solution saline, à 35 millimètres de distance du mercure. A l'instant où le circuit électrique fut établi, la petite nappe de mercure se déplaça, et s'allongea un peu vers le fil négatif N. En même temps, un courant s'établit dans le liquide partant du fil négatif N, se dirigeant vers le mercure, qu'il traversa pour arriver jusqu'au fil positif P ; là ce courant se divisa en deux branches a b pour former deux courants latéraux qui ramenèrent ce liquide vers le fil négatif N. Cet ample courant à double tourbillon avait une vitesse médiocre, et bien moindre que celle que présentait un autre courant à double tourbillon qui, bien plus petit, c d, existait sur la surface de la nappe de mercure ; cet excès de la vitesse dans ce dernier courant m'a porté à penser que c'était à lui seul qu'était dû, par communication, le mouvement plus lent des deux courants extérieurs a b. L'origine véritable du courant central commun aux deux tourbillons est, à mon avis, au pôle positif secondaire p, situé à la circonférence du mercure en regard du pôle négatif primitif N. La partie N p du courant serait due à un *appel* du liquide situé sur cette ligne, ce liquide se dirigerait vers le point p pour remplacer celui qui est lancé dans la direction p n sur la surface du mercure ; la partie n P du courant serait due à la continuation de l'impulsion acquise par le liquide dans son trajet de p en n ; les deux courants latéraux a b seraient les continuations de cette impulsion, et en même temps les résultats d'un mouvement communiqué de proche en proche par les deux courants latéraux *c d*, appartenant au double tourbillon situé sur la surface du mercure, car le même mouvement existe, avec une diminution graduelle de vitesse, de *c* en *a* et de *d* en *b*, ce qui ne permet pas de douter que le double tourbillon plus vif, situé sur la surface du mercure, ne soit le moteur, dans le même sens, du liquide qui l'environne, en dehors du mercure.

161. D'après ces raisons, qui prouvent que le pôle positif secondaire *p* est la véritable origine du courant à double tourbillon, il devient facile de déterminer pourquoi le fil négatif N doit être près du mercure pour donner naissance au courant lorsque la solution saline est profonde, et pourquoi ce même courant se manifeste, quoique le fil négatif soit éloigné du mercure, lorsque la solution saline a peu de profondeur en dehors du métal. Le liquide salin est conducteur du courant électrique ; plus sa masse est grande, plus il établit facilement la communication électrique entre les deux pôles primitifs P et N, moins, par conséquent, ce courant électrique agit sur le mercure pour produire chez lui l'existence des deux pôles secondaires *p* et *n*. Lorsque la solution saline est réduite à peu de profondeur, le courant électrique qui la traverse, resserré dans des limites plus étroites, devient plus intense, et donne ainsi plus d'énergie aux pôles secondaires positif *p* et négatif *n* du mercure. Le rapprochement plus ou moins grand des pôles primitifs P et N du mercure, donne également, et par la même raison, plus ou moins d'énergie aux pôles secondaires *n* et *p* de ce métal. A l'appui de cette théorie, je citerai une dernière expérience. J'ai expérimenté qu'en donnant à la solution saline une élévation de 5 à 6 centimètres au-dessus de la surface du mercure, on n'obtient plus aucun courant sur la

surface de ce métal, même en tenant les deux pôles primitifs P et N aussi rapprochés de lui qu'il est possible sans le toucher. Alors, en diminuant peu à peu la profondeur du liquide salin, soutiré avec une pipette, on voit naître le courant à la surface du mercure ; ce courant ne s'étend d'abord sur cette surface qu'à peu de distance du pôle secondaire positif, ensuite, à mesure qu'on diminue la profondeur du liquide salin, il s'étend plus loin, et enfin il prend toute son extension possible lorsque la surface du mercure n'est plus couverte que d'une couche très-mince de ce liquide salin.

162. Ces observations ne permettent plus de douter que le pôle positif secondaire situé sur le mercure en regard du pôle négatif primitif, ne soit le lieu de l'origine du mouvement que l'on observe dans le liquide à la surface du mercure, ainsi que cela a été admis par Nobili.

163. Je passe actuellement à l'étude des courants représentés par la figure 14, courants qui ont lieu sur le mercure amalgamé avec du métal de l'alcali provenant de la décomposition du sel contenu dans la solution saline qui recouvre le mercure, courants inverses de ceux que représente la figure 13 et qui leur succèdent. Voici ce qu'ils offrent à l'observation. L'expérience étant établie comme cela est représenté dans la figure 14, le pôle positif primitif au point P et le pôle négatif primitif au point N, l'un et l'autre dans la solution saline, le courant épipolique à double tourbillon prend son origine au pôle négatif secondaire n, situé au bord du mercure vis-à-vis du pôle positif primitif P. Or, j'ai expérimenté que l'on peut transporter le pôle négatif primitif N tout autour du mercure, comme en a, en b et même en c, sans apporter aucun changement dans la direction ni dans la vitesse du courant épipolique ; il reste tou-

jours tel qu'il est représenté dans la figure 14, c'est-à-dire qu'il est constamment situé dans l'axe épipolique passant par le pôle négatif secondaire n. Si, par contre-épreuve, on déplace le fil positif P en laissant le fil négatif en N, l'origine du courant épipolique se déplace en même temps et se trouve toujours au pôle négatif secondaire vis-à-vis du pôle positif primitif.

164. Le courant épipolique, qui prend son origine au pôle négatif secondaire n (fig. 14), est véritablement centripète par rapport au mercure, puisqu'il naît à sa circonférence, et qu'il se dirige suivant l'un des rayons de cette masse métallique circulaire. Il est vrai qu'il dépasse le centre ; mais ce n'est pas moins vers celui-ci qu'il est primitivement dirigé. On conçoit que s'il arrivait que la circonférence entière du mercure fût occupée par le pôle négatif, les courants épipoliques nés sur tous les points de cette circonférence se dirigeraient concentriquement, et viendraient aboutir au centre. C'est effectivement ce qui a lieu dans une expérience qui sera rapportée plus bas, et à l'explication de laquelle ce que je dis ici doit servir de préparation.

165. J'ai placé le pôle positif primitif P (fig. 20), au centre de la couche de solution saline qui recouvrait le mercure amalgamé avec du sodium, couche qui était épaisse de trois à quatre millimètres. Le pôle négatif primitif N demeura dans la solution saline en dehors du mercure. Alors le pôle négatif secondaire se trouvant situé au centre du mercure au-dessous du pôle positif primitif P, le courant épipolique devint concentriquement et régulièrement centrifuge à la surface du mercure, et la circulation se compléta par le retour du liquide qui suivit concentriquement, et en sens inverse, la surface du liquide salin. Lorsque

le pôle positif primitif P est placé dans la solution saline au-dessus de la surface du mercure, d'une manière excentrique, par rapport à la masse arrondie de ce métal, on obtient un courant rayonnant semblable à celui qui est représenté par la figure 18, mais avec une position des pôles inverse de celle qui est représentée dans cette figure.

166. J'ai établi l'expérience comme elle est décrite plus haut (160), et comme elle est représentée par la figure 19, avec cette seule différence que le mercure, au lieu d'être pur, était ici amalgamé avec du sodium, provenant de la décomposition du sulfate de soude. Les courants, au lieu d'être dirigés comme cela est représenté dans cette figure 19, furent dirigés dans des sens inverses, et le mercure, au lieu de s'allonger vers le pôle négatif primitif, s'allongea vers le pôle positif primitif. Ces mêmes résultats se sont offerts à Humphry Davy dans l'expérience suivante, qui n'est en quelque sorte que la multiplication de l'expérience précédente. Il mit au fond d'un vase de verre de dix pouces de diamètre, trente à quarante globules de mercure, placés sur une même ligne droite, et qu'il recouvrit d'une couche peu profonde d'une solution de sulfate de potasse ; ensuite la solution fut mise en communication avec les deux pôles d'une pile de mille éléments aux deux extrémités de la ligne occupée par les globules de mercure. Ces globules s'allongèrent tous vers le pôle positif, et il s'établit dans la solution un courant rapide dirigé du pôle positif au pôle négatif, en passant par la série des globules de mercure. Chacun de ces globules possédait alors des pôles secondaires inverses des pôles primitifs qui leur correspondaient, et comme l'action de ces pôles secondaires, semblablement placés, était la même, il résultait un courant unique et général de l'assemblage de leurs courants particuliers.

167. W. Herschel et Nobili ont émis l'opinion que, dans tous les phénomènes dont il est ici question, le mouvement appartient essentiellement et primitivement au mercure et que la couche de liquide qui recouvre ce métal est passive dans son mouvement qui lui serait communiqué par le mouvement du mercure auquel elle tient par adhésion. Mon opinion est entièrement opposée à celle de ces physiciens ; selon moi, le mouvement appartient essentiellement et primitivement au liquide qui recouvre le mercure, et , si ce dernier se meut (ce qui du reste n'est nullement apparent), ce ne serait que parce qu'il serait entraîné par le mouvement du liquide qui se meut sur la surface. C'est ainsi que l'huile en s'étendant sur l'eau par un courant épipolique centrifuge entraîne avec elle la couche superficielle de ce liquide, ainsi que je l'ai fait voir plus haut (44). Or, ce mouvement du mercure, s'il existe, doit être bien faible, car deux expériences exposées plus haut (157) , et qui se rapportent aux deux figures 15 et 16, tendent à prouver que le mercure est immobile. En effet , dans ces deux expériences, on a vu que le courant à double tourbillon a cessé de se diriger selon le diamètre du mercure ou selon l'*axe épipolique*, lorsque le fil négatif N, transporté en *d* ou en *f*, a été ensuite replacé en N. Alors le courant central , commun aux deux tourbillons, s'est incliné et *à demeure*, en se dirigeant vers le point *d*, par exemple (fig. 15), que venait de quitter le fil négatif. Le mercure avait éprouvé , indubitablement, une modification particulière par la position du fil négatif dans cet endroit, et on doit penser que cette modification était une adjonction de sodium opérée au point *f*, qui était alors le pôle négatif secondaire, puisqu'il est certain que cette adjonction de sodium au mercure est continuelle et qu'elle s'opère au pôle négatif. Le courant à double tourbillon s'inclinerait alors comme s'il était repoussé par le sodium précédemment adjoint au mercure au point *f*. Quoi qu'il en soit de cette théorie, il découle évidemment du fait auquel elle se rapporte que le mercure conserve, du moins pendant un certain temps, la modification locale qu'il a acquise par le transport momentané du fil négatif de N en *d*; le point de ce métal qui a été modifié ne change point de place, puisque le courant à double tourbillon conserve *à demeure* la même inclinaison. Le mercure ne se meut donc point, d'une manière sensible, pendant que le liquide qui le recouvre offre un mouvement si vif.

168. Tous les phénomènes qui viennent d'être exposés et qui ont été obtenus en employant une solution de sulfate de soude, l'ont été également par l'emploi d'une solution de chlorure de sodium ou sel marin.

169. Il me reste actuellement à déterminer les causes auxquelles sont dus ces courants, qui changent ainsi de direction suivant certaines circonstances. On peut être mis sur la voie de cette détermination par la considération des causes qui produisent et qui favorisent l'établissement des courants épipoliques.

170. J'ai fait voir plus haut (67) qu'un acide placé en petite masse sur un point d'une couche de solution saline étendue sur une surface polie y produit un courant épipolique centrifuge; j'ai fait voir également que le renouvellement de la surface polie est une cause qui favorise ce mouvement épipolique (43); j'ai fait voir enfin que les courants épipoliques sont bien plus énergiques sur la surface éminemment polie des liquides que sur la surface des solides polis (42). Or ces observations sont applicables à la détermination de la cause des mouvements qui, sous l'in-

fluence de l'électricité, se manifestent à la surface du mercure, recouvert par une couche de solution saline. Le sel
est décomposé par le courant électrique; l'acide se porte à
la fois au pôle positif primitif et au pôle positif secondaire ;
l'alcali se porte à la fois au pôle négatif primitif et au pôle
négatif secondaire. L'acide et l'alcali qui se portent aux
deux pôles secondaires, situés sur le mercure, produiseut
seuls des courants épipoliques sur la surface éminemment
polie de ce métal liquide, surface sur laquelle ces agens
chimiques sont incessamment déposés localement ; les
points où s'opèrent ces deux dépôts étant environnés par
la solution saline. Ainsi on trouve là les causes de la production simultanée de deux courants épipoliques, et ces
deux courants s'observent effectivement à la fois dans certaines circonstances, ainsi que cela se voit dans les figures
11 et 12. Or, dans les expériences exposées plus haut
(152, 160), et qui se rapportent aux figures 13 et 19, il se
trouve que le courant épipolique produit par le dépôt de
l'acide au pôle positif secondaire, l'emporte en énergie sur
le courant épipolique produit par le dépôt de l'aclali au
pôle négatif secondaire : il en résulte que ce dernier courant est aboli et que le courant antagoniste subsiste seul.
En outre, l'acide déposé au pôle positif secondaire, y dissout le mercure dont il renouvelle par conséquent la surface : cela favorise la continuité du courant épipolique,
effet qui n'a point lieu au pôle négatif secondaire où se dépose l'alcali ; ceci est une cause de la prédomination du
courant épipolique produit par l'acide au pôle positif secondaire. Ainsi, ce dernier courant doit exister seul, dans
les circonstances que j'ai déterminées plus haut (152, 155),
et cela lorsque le mercure est recouvert par une couche
peu épaisse de solution saline et que les deux pôles de la

pile sont en communication avec cette solution ; l'expérience vient ici confirmer les principes préétablis. D'après cette théorie l'électricité ne serait point la cause directe du courant épipolique, elle n'en serait que la cause indirecte ; son rôle se bornerait à localiser la production incessante de l'acide au pôle positif secondaire situé à la surface du mercure, surface sur laquelle cet acide produit un courant épipolique centrifuge, et ce phénomène serait continu parce que la production locale de l'acide est continue et que la surface du mercure est sans cesse renouvelée par la dissolution qu'opère cet acide. Toutefois, d'après les expériences exposées plus haut (143), on ne peut se dispenser de reconnaître que l'électricité exerce une influence directe sur la force épipolique à laquelle elle donne une direction déterminée. On doit donc regarder les phénomènes de mouvement dont il est ici question comme des phénomènes *électro-épipoliques*.

171. Je passe actuellement à la détermination des causes qui produisent les courants en sens inverse qui ont lieu lorsque le mercure se trouve amalgamé avec une suffisante quantité du métal de l'alcali.

172. Au moment où les deux fils, pôles positif et négatif, sont plongés dans la solution de sulfate de soude qui recouvre le mercure, ce métal commence à s'amalgamer avec du sodium dont la quantité d'abord fort petite, surtout lorsque la température est basse, ne s'oppose pas à l'existence du courant épipolique dirigé comme cela est représenté dans la figure 13. Ce courant doit son existence, comme on l'a vu (170) à l'extension épipolique de l'acide déposé au pôle positif secondaire p (*fig.* 13). Cependant la quantité du sodium qui s'amalgame avec le mercure au pôle négatif secondaire n, devient de plus en plus considérable ; ce sodium

se change sans cesse en soude caustique au pôle positif secondaire p, qui est le pôle oxidant. Là, cette soude caustique se combine avec l'acide qui se trouve déposé à ce
pôle positif secondaire p, et tend ainsi de plus en plus à
neutraliser cet acide. Il résulte de là que le courant épipolique produit par cet acide, tend de plus en plus à s'abolir et
finit enfin par disparaître tout à fait. Alors la soude dégagée
de la décomposition du sel et portée au pôle négatif secondaire n, donne naissance à son tour à un courant épipolique, comme on le voit dans la figure 14. Là se trouvent
aussi, en effet, les conditions de l'existence d'un courant
épipolique, car la soude en solution est environnée par une
couche de solution saline placée sur la surface éminemment
polie du mercure. Or, ce sont là les conditions dans lesquelles une solution alcaline produit un courant épipolique,
ainsi que je l'ai établi haut (67). Une autre cause concourt
avec celle-ci à produire ce courant épipolique. Le sodium
dégagé de la décomposition de la soude se dépose au pôle
négatif secondaire n (*fig.* 14), où il s'amalgame avec le
mercure. Le sodium, à l'état naissant, est nécessairement
solide, car tel est son état à la température ordinaire de l'atmosphère. Or, j'ai fait voir plus haut (70, 73, 74) que lorsqu'un corps est dégagé à l'état solide d'une combinaison où
il se trouvait à l'état liquide, il produit autour de lui un
courant épipolique. Cette nouvelle cause de production de
ce courant s'adjoint donc ici à la cause antécédente, qui est
le dépôt de la soude au pôle négatif secondaire n, pour
donner naissance au courant épipolique que représente la
figure 14. Ce courant, une fois établi, ne s'arrête plus que
lorsque la pile a perdu la plus grande partie de son action.
On peut l'observer par toutes les températures, ce qui
rend son étude bien plus facile que ne l'est celle du cou-

rant épipolique inverse (*fig.* 13), lequel ne peut être observé que par une température très-basse, et qui encore ne dure que pendant un temps assez court.

173. Dans les deux expériences qui ont été exposées plus haut (158, 165) et qui se rapportent aux deux figures 17 et 20, on voit également un courant épipolique centrifuge produit à la surface du mercure, mais ces deux courants semblables émanent de deux pôles secondaires différents. Or, j'ai expérimenté que, dans l'un et dans l'autre cas, si la couche de solution saline qui recouvre le mercure est rendue aussi mince qu'il est possible de l'obtenir, elle est écartée circulairement par le courant centrifuge, en sorte que le mercure reste à nu dans cet endroit. Alors le circuit électrique se trouve interrompu par le fait de cette fuite circulaire de la couche du liquide qui seule établissait la communication des deux fils de platine, car le fil placé au-dessus du mercure ne le touche point. Cette fuite complète du liquide salin autour de ce dernier fil, prouve d'une manière irréfragable que ce liquide est chassé par un fluide ou par un agent invisible qui lui communique son mouvement. Ces phénomènes d'écartement circulaire d'une couche liquide sont exactement pareils à quelques-uns de ceux que j'ai exposés plus haut (58), et qui sont dus à l'action de la force épipolique. Ainsi, lorsqu'on dépose une goutte d'acide ou de solution alcaline sur une couche très-mince de solution saline étendue sur une lame de verre, il y a écartement circulaire de cette couche de solution saline (67). Les phénomènes d'écartement circulaire qui viennent d'être produits dans la couche saline qui recouvre le mercure par le moyen de l'électricité, sont évidemment des phénomènes du même genre. En effet, dans l'expérience représentée par la figure 17, le pôle positif secondaire situé à la surface

du mercure pur au-dessous du pôle négatif primitif reçoit de l'acide ; dans l'expérience représentée par la figure 20, le pôle négatif secondaire, situé, au-dessous du pôle positif primitif, à la surface du mercure amalgamé avec du sodium, reçoit de l'alcali, et ces deux *gouttes*, l'une d'acide et l'autre d'alcali, situées au centre d'une couche très-mince de solution saline sur la surface polie du mercure, produisent l'écartement circulaire de cette couche par le moyen du courant épipolique auquel elles donnent naissance.

174. Ces faits établissent définitivement l'identité complète des phénomènes de mouvement que j'ai exposés dans le chapitre 2, et que j'ai désignés sous le nom de *courants épipoliques*, avec les phénomènes de mouvement ou courants qui ont lieu, au moyen de l'électricité, sur le mercure recouvert par de l'eau tenant en solution des substances que l'électricité décompose. L'électricité agit ici *spécialement*, mais non, je pense, *exclusivement*, en localisant le dégagement des produits de la décomposition des substances que l'eau tient en dissolution. Ce dégagement opéré localement sur un point déterminé de la surface polie du mercure, laquelle est recouverte par le liquide aqueux non décomposé, établit ainsi l'hétérogénéité des liquides en contact, ce qui est une des conditions de la production de la force épipolique. Cette force est le résultat du mouvement d'un fluide invisible, dont le choc donne au liquide aqueux une impulsion qui tantôt le chasse tout à fait et circulairement de dessus la surface polie sur laquelle il repose, et tantôt lui imprime un mouvement de progression, de manière à offrir des courants qui toujours accomplissent leur course dans des courbes fermées en revenant à leurs points d'origine. Cette *force épipolique*, qui a le pouvoir d'imprimer du mouvement aux liquides, est essentiellement différente de la force élec-

trique. J'ai démontré cela plus haut (61), relativement à la force épipolique développée par le simple contact des liquides hétérogènes placés sur une lame de verre. W. Herschel a prouvé la même chose par rapport aux courants que j'attribue également à l'action de la force épipolique, et qui sont produits, par l'électricité voltaïque, sur la surface du mercure que recouvre un liquide aqueux. Il a expérimenté, en effet, que ces courants, qui *au premier abord présentent, dit-il, une forte analogie avec les tourbillons électro-magnétiques observés dans les métaux fluides*, ne reçoivent cependant aucune influence de la part des aimants les plus puissants, en sorte qu'ils ne sont ni accélérés, ni retardés, ni déviés par l'influence de ces aimants. Ce n'est donc point la force électrique, telle du moins que nous la connaissons, qui imprime ici le mouvement aux liquides; c'est la *force épipolique*, force différente jusqu'à un certain point de la force électrique, dont elle constitue probablement une des modifications. Cette force serait, selon l'expression dictée à W. Herschel par sa pénétrante perspicacité, *un nouveau pouvoir du courant électrique d'une nature ayant quelque analogie avec l'action magnétique*. Cette prévision, que W. Herschel n'exprime qu'avec doute, se trouve confirmée par les expériences que j'ai rapportées jusqu'ici, et sera confirmée de plus en plus par les expériences qui me restent à exposer et auxquelles je reviens après cette digression.

175. Jusqu'ici les deux fils de platine pôles positif et négatif ont été placés dans la solution saline ; nous allons voir actuellement ce qui a lieu lorsqu'on place le fil négatif dans le mercure, le fil positif étant dans la solution saline. Alors l'amalgamation du métal de l'alcali avec le mercure devient plus considérable qu'elle ne l'était lorsque les deux pôles communiquaient seulement avec la solution saline. Il s'éta-

blit alors sur la surface du mercure un courant épipolique
tel qu'il est représenté par la figure 21. Dans cette figure,
le cercle extérieur représente le contour du vase de verre
qui contient la solution saline ; le cercle intérieur représente
le contour du vase de verre qui contient le mercure. Je
suppose toujours que la solution de sulfate de soude n'est
élevée que d'un millimètre environ au-dessus de la surface
du mercure, condition nécessaire pour que le courant épipolique prenne la forme d'un double tourbillon. L'immersion du fil négatif dans le mercure rend celui-ci tout entier
négatif, et il s'amalgame promptement avec du sodium. Le
fil positif P étant placé dans la solution saline loin du mercure, il s'établit, sur la surface de ce dernier, un courant à
double tourbillon dont la direction centrale est dans le diamètre du mercure, dont la prolongation passe par le pôle
positif P. Le fil négatif N qui, dans cette figure, est placé
sur l'extrémité opposée de ce même diamètre, peut être
placé partout ailleurs dans le mercure, même au point a,
sans qu'il y ait aucun changement dans la direction du
double tourbillon. Si l'on change la position du pôle positif P, la direction du double tourbillon change en même
temps, en sorte qu'il semble que le courant épipolique
vienne de ce pôle positif. Cependant l'expérience prouve
qu'il n'en est rien. En effet, si le pôle positif P est éloigné
du mercure de 30 à 40 millimètres, et que la solution saline
soit profonde de 15 millimètres environ dans l'espace qui
sépare ce pôle positif du mercure, on n'aperçoit aucun mouvement dans cet espace, tandis qu'il existe sur le mercure
un courant épipolique rapide. J'ai déposé dans cet espace
une goutte de solution de sulfate de soude chargée d'argile
en suspension ; l'argile s'est précipitée lentement vers le
fond du vase sans manifester aucun mouvement qui la portât

dans la direction de P en *a*. Ce n'était que lorsque ce dépôt était fait près du point *a* qu'on voyait l'argile se joindre au courant épipolique dans la direction *a* N. Ce n'est donc point du pôle positif P que vient le courant *a* N; il prend son origine au point *a*, où se tronve situé le véritable pôle négatif. Ce pôle, en effet, doit toujours se trouver à la partie de la circonférence du mercure qui est la plus voisine du pôle positif P, et cela a lieu de même lorsque le fil négatif est plongé dans un autre point quelconque du mercure. C'est donc de ce véritable pôle négatif *a* que part le courant épipolique, qui prend la direction du diamètre du mercure passant par ce pôle négatif *a*, diamètre dont la prolongation passe par le pôle positif P. Mais, comme je viens de le dire, le courant épipolique ne prend pas naissance au pôle positif P, mais seulement au pôle négatif véritable *a*. La cause de la production de ce courant est facile à déterminer, elle est la même que celle qui a déjà été exposée plus haut (172). La soude dégagée de la décomposition du sulfate de soude se porte au pôle négatif *a*, situé sur le mercure, et le courant épipolique qu'elle y produit se dirige dans l'axe épipolique *a b;* c'est un courant épipolique à double tourbillon, exactement semblable à celui qui est produit par la potasse caustique dégagée d'un fragment d'alliage d'antimoine et de potassium placé *au bord de l'eau* sur une lame de verre, tel qu'il est représenté dans la figure 7 et ainsi que je l'ai exposé plus haut (113). Le courant semblable qui a lieu sur le mercure, dans la figure 21, est produit par le dépôt *au bord du mercure* de la soude caustique, et ce courant est dirigé de même selon la ligne diamétrale que j'ai désignée sous le nom d'*axe épipolique* (96). Ce courant est fortifié par le dépôt, au pôle négatif *a*, du sodium qui est solide à l'état naissant, et qui auparavant était à l'état de liquidité aqueuse lorsqu'il faisait partie de la soude du sulfate de soude dissous dans l'eau. On a vu plus haut (70, 73, 74), en effet que le passage d'un corps de l'état liquide à l'état solide est une cause de production du courant épipolique dans l'endroit où s'opère cette transmutation.

176. Le courant central et commun aux deux tourbillons représentés par la figure 21 n'est véritablement que l'un des rayons, ou le *rayon dominateur* du courant épipolique qui, dans des circonstances plus favorables, serait concentriquement rayonnant. En effet, si l'on veut donner cette dernière forme au courant épipolique, il suffit de transporter le fil positif P au-dessus de la surface du mercure, en le faisant communiquer toujours seulement avec la solution saline. Il faut, en même temps, augmenter la hauteur de cette solution au-dessus de la surface du mercure jusqu'à 6 ou 8 millimètres, afin que la circulation puisse s'opérer dans deux plans, l'un inférieur, et l'autre supérieur, du liquide salin ; car, dans l'expérience représentée par la figure 21, c'est la grande minceur de la couche liquide qui recouvre le mercure qui force la circulation à s'opérer à peu près dans le même plan horizontal, en affectant la forme d'un double tourbillon. Pour cette nouvelle expérience, je place le mercure dans un vase cylindrique de peu d'élévation, et de 60 millimètres de diamètre ; je le couvre d'une solution saturée de sulfate de soude jusqu'à la hauteur de 6 à 8 millimètres ; je plonge le fil de platine, pôle négatif, dans le mercure au point N, près du bord du vase (fig. 22), ensuite, sur le même diamètre, je place le fil de platine, pôle positif, dans la solution saline, au-dessus de la surface du mercure au point P. Le mercure s'amalgame avec du sodium, et il s'établit sur sa surface un courant rayonnant, dont les rayons semblent manquer du côté *a* où la faiblesse du cou-

rant empêche de les apercevoir. Ce courant offre des rayons dirigés vers tous les autres points de la circonférence du mercure. Le plus grand de ces rayons, ou le *rayon domi- nateur*, est celui qui s'étend de P en N ; le courant qui le suit est l'analogue du courant unique *a* N de la figure 21. Chacun des rayons du courant rayonnant de la figure 22, ou plutôt ces nombreux courants rayonnants, parvenus à la circonférence du mercure, s'y réfléchissent vers le haut, et là, prenant la direction inverse, ils reviennent vers le fil positif P, où ils se réfléchissent vers le bas pour rejoindre le point de leur origine et redevenir courants rayonnants. Plus on rapproche le fil positif P du centre, plus le courant rayonnant tend à devenir complet, en acquérant les rayons qui lui manquent ici dans le sens P *a*, il devient alors con- centriquement centrifuge. On pourrait penser que c'est la position du fil négatif N qui détermine la position du *rayon dominateur* de ce courant rayonnant, mais il n'en est rien. Sans faire quitter le mercure à ce fil négatif, je l'ai trans- porté successivement dans tous les points de la surface du mercure, sans que le courant rayonnant ait changé ni de forme ni de position ; son *rayon dominateur* est toujours demeuré placé tel qu'il est dans la figure 22, c'est-à-dire qu'il a toujours fait partie du diamètre du mercure passant par le fil positif P, ou plutôt passant par le pôle négatif *véritable*, situé à la surface du mercure au-dessous du pôle positif P. Si, laissant le fil négatif à la place N qui lui est donnée dans la figure 22, je changeais la place excentrique du fil positif P, je changeais la direction du *rayon dominateur*, et par con- séquent la direction générale du courant rayonnant. Ainsi le *rayon dominateur* du courant est toujours situé dans la ligne à laquelle j'ai donné le nom d'*axe épipolique* (**96**), axe qui est déterminé ici par la position du pôle négatif *véritable* sur la surface du mercure.

177. La cause de la production du courant épipolique à la surface du mercure est ici exactement la même que celle qui a été exposée plus haut (175) , relativement à l'expérience représentée par la figure 21. Dans cette figure le pôle négatif *véritable* est situé en *a* vis-à-vis du pôle positif P ; dans la figure 22 le pôle négatif *véritable* est situé à la surface du mercure, au-dessous du pôle positif P. Ces deux expériences n'en constituent véritablement qu'une seule, diversement modifiée.

178. Le courant étant rayonnant à la surface du mercure, dans l'expérience dont il est ici question, il doit nécessairement s'ensuivre, d'après les expériences rapportées plus haut (173), que ce courant doit produire *l'écartement* du liquide salin qui recouvre le mercure lorsque ce liquide y est disposé en couche très-mince , et que le courant épipolique prend son origine au centre du mercure. C'est, en effet, ce qui a lieu. J'ai disposé l'expérience, comme dans la figure 22, excepté que la couche du liquide salin qui recouvrait le mercure a été réduite à 1 millimètre environ, et que le fil positif P a été mis en contact avec cette couche au-dessus du centre du mercure. A l'instant de ce contact , la couche mince du liquide salin s'est écartée circulairement autour du fil positif P, et le mercure est demeuré à nu dans cet endroit. Cet effet est dû à la propulsion circulaire du liquide par le courant épipolique centrifuge, produit au pôle négatif *véritable*, situé à la surface du mercure, au-dessous du pôle positif, lequel est en contact seulement avec la surface de la mince couche de la solution saline. A ce pôle négatif *véritable*, se déposent à la fois la soude caustique, provenant de la décomposition du sel, et le sodium, provenant de la décomposition de la soude, et ces deux causes produisent le courant épipolique centrifuge , qui écarte circulairement

la mince couche de solution saline qui environne le lieu où
se fait ce double dépôt, et cela d'après les principes dont j'ai
déjà fait l'application plus haut (172), dans des expériences
analogues. Ce nouveau fait d'écartement circulaire de la
couche de solution saline par le courant épipolique centrifuge, se joint aux deux faits semblables exposés plus haut
(173) pour donner un nouvel appui aux conclusions que j'en
ai tirées (174).

CHAPITRE VII.

Production des courants épipoliques dans les liquides acides
par l'emploi de l'électricité voltaïque.

179. Ermann, le premier, en 1809, a décrit les phénomènes que l'on observe lorsqu'on soumet à l'action de la
pile voltaïque un acide qui recouvre du mercure; il a été
suivi plus tard, dans ce genre d'expériences, par W. Herschel, en 1824, et par Pfaff, en 1826. Ces trois physiciens
ont vu que le mercure étant couvert d'une couche mince
d'acide sulfurique, si l'on met cet acide en communication
avec les deux pôles de la pile, auprès du mercure, et aux
deux extrémités de la ligne qui passe par le centre de ce
métal, il s'établit à la surface de ce dernier un courant qui,
partant du pôle négatif, s'avance dans la direction du pôle
positif, puis, se séparant en deux branches, s'infléchit de
chaque côté pour revenir vers son point d'origine, formant
ainsi deux cercles ou tourbillons accolés. Pfaff a remarqué
que plus la couche d'acide est mince, plus le courant est
actif. Ce courant, à double tourbillon, est parfaitement semblable à celui qui est produit sur le mercure dépourvu de
sodium, et recouvert par une mince couche de sulfate de

soude, en communication avec les deux pôles de la pile, tel qu'il est représenté par la figure 13. Les physiciens cités plus haut ne se servaient pour faire cette expérience que de vases fort petits, de verres de montre, par exemple. Alors les fils de platine qui correspondaient aux deux pôles de la pile voltaïque étant très-voisins du mercure, on pouvait être porté à considérer le courant qui se manifestait à la surface de ce métal, comme prenant naissance au fil de platine qui était le pôle négatif primitif. C'est effectivement ce qu'ont fait Ermann, W. Herschel et Pfaff. Nobili le premier a fait voir que cette origine du courant devait être rapportée au pôle positif secondaire, qui est situé sur le mercure vis à vis du pôle négatif primitif, et non à ce dernier pôle. C'est ce que j'ai déjà exposé plus haut (145-152).

180. La similitude exacte qui existe entre le courant épipolique produit sur le mercure par l'influence de l'électricité, lorsque ce métal est couvert d'une couche de solution saline et lorsqu'il est couvert d'une couche d'acide, s'est maintenue dans une grande quantité d'expériences que j'ai faites, soit en employant l'acide sulfurique, soit en faisant usage de l'acide hydrochlorique. J'ai conclu de ces expériences que ce n'est point à l'acide que sont dus les résultats de ces expériences, mais bien à la solution saline qui est mêlée à l'acide et qui provient de la dissolution du mercure par cet acide. Je ferai observer que j'ai employé de l'acide sulfurique très-pur, que j'étendais de deux fois son volume d'eau distillée. On regarde généralement le sulfate de mercure comme insoluble ; cependant il est certain que le sulfate de protoxide de mercure est soluble dans un excès d'acide ; le sulfate de peroxide de mercure est encore plus soluble ; mais on admet qu'il ne se produit point à la température ordinaire de l'atmosphère. Quoi qu'il en soit, il

n'est pas douteux que le sulfate de mercure, *à l'état naissant* , ne soit à l'état de solution, et cela me suffit pour être
en droit de considérer les phénomènes de mouvement épipolique qui ont lieu sur le mercure recouvert d'acide sulfurique comme étant dus, non à la superposition de cet acide,
mais bien à la superposition d'une solution de sulfate de
mercure à ce métal, dont la surface est continuellement
dissoute par l'acide. Cela posé, il devient facile de voir la
cause de la similitude exacte des courants épipoliques qui
ont lieu sur la surface du mercure, lorsqu'il est recouvert
par une couche de solution saline et lorsqu'il est recouvert
par un acide. C'est que, dans l'un et dans l'autre cas, il est
véritablement recouvert par une solution saline ; mais avec
cette différence possible que, dans le premier cas, le sel
peut être à base alcaline, dont la décomposition fournit au
mercure du métal de l'alcali qui s'amalgame avec lui ; tandis
que, dans le second cas, le sel à base de mercure, décomposé par la pile, n'ajoute aucun métal étranger à la masse
du mercure, il ne fait que lui restituer une partie du mercure qui avait été dissoute. Ainsi, dans ce dernier cas,
c'est-à-dire lorsque le mercure est recouvert par un acide,
on n'observe point cette inversion du courant épipolique,
dont j'ai parlé plus haut (152), inversion qui est due à l'a-
malgamation du métal de l'alcali avec le mercure, et qui est
représentée par la figure 14. Il résulte de là que, recouvert
d'acide et par conséquent recouvert d'une solution de sel à
base mercurielle, le mercure offre à sa surface, sous l'influence électrique, des courants épipoliques permanents et
semblables à ceux que l'on n'observe que pendant un temps
plus ou moins court, sur le mercure recouvert d'une solution de sel à base alcaline ; ceux-ci ne peuvent être étudiés que par une basse température , ceux-là peuvent

être observés par toutes les températures atmosphériques.

181. La théorie de la production des courants épipoliques étant la même lorsque le mercure encore pur est recouvert par une solution de sel à base alcaline, et lorsque ce métal est recouvert par un acide, je me servirai, pour la démonstration des expériences qui se rapportent à ce second cas, de la même figure 13 qui m'a servi précédemment lorsque le mercure était recouvert d'une solution saline. Je rappelle que, dans cette figure, le cercle intérieur représente le contour du petit vase de verre qui est rempli de mercure et qui a une hauteur de 15 millimètres. Il est placé au milieu d'un vase de verre de 11 centimètres de diamètre dont le contour est représenté par le cercle extérieur, et dans lequel je verse de l'acide sulfurique pur étendu de deux fois son volume d'eau distillée, et cela jusqu'à ce que la surface du mercure soit recouverte d'une couche d'acide de 2 millimètres environ d'épaisseur. Les fils de platine pôles négatif et positif sont plongés dans l'acide, le premier en N et le second en P. Alors s'établit, sur la surface du mercure, le courant épipolique tel qu'il est représenté dans la figure 13, et qui prend naissance au pôle positif secondaire p, situé sur le mercure vis-à-vis du pôle négatif primitif N. L'acide provenant de la décomposition du sel mercuriel se porte à la fois au pôle positif primitif P et au pôle positif secondaire p où il se trouve déposé sur la surface du mercure. Cet acide, à l'état naissant, possède la plus grande concentration, et son afflux est incessant; il représente véritablement *une goutte* d'acide concentré déposée sur une couche du même acide étendu d'eau et mêlé de solution saline, couche placée sur la surface polie du mercure. Ce sont là des conditions de la production du courant épipolique, ainsi que je l'ai établi plus haut (66-67). Ce courant s'établit donc de la même ma-

nière que cela a lieu lorsque le mercure est recouvert par une solution saline (152), et par l'effet de la même cause (170), aussi se comporte-t-il exactement de la même manière dans les diverses épreuves qu'on peut lui faire subir. Ainsi j'ai expérimenté qu'en transportant le pôle positif primitif P dans les points a, b ou c de l'acide, on ne produit aucun changement dans la direction ni dans la forme en double tourbillon du courant épipolique, ainsi que j'ai fait voir que cela a lieu lorsque le mercure est recouvert par une solution saline (156). Ce résultat ne s'est point présenté dans les expériences de W. Herschel et de Pfaff qui, dans des expériences de ce genre faites en employant l'acide sulfurique, ont vu que le courant n'affectait la forme de double tourbillon que lorsque les deux pôles primitifs P et N (fig. 13), et le centre du mercure, étaient situés sur la même ligne droite; ils affirment l'un et l'autre que si les deux pôles sont placés *à la circonférence du mercure* de manière à couper inégalement cette circonférence, le double tourbillon se change en un seul qui occupe une partie de la surface du mercure d'autant plus petite que les pôles sont plus rapprochés. La différence des résultats que j'ai obtenus tient probablement à ce que, dans mes expériences, les deux pôles primitifs P et N étaient éloignés du mercure, tandis que dans les expériences de W. Herschel et de Pfaff ces mêmes pôles étaient placés fort près de ce métal.

182. Pour abréger, je dirai que, dans ce genre d'expériences, j'ai observé, en employant un acide, les mêmes phénomènes que j'ai relatés précédemment (152-162), et qui se rapportent aux figures 13, 17, 18 et 19, phénomènes que j'ai obtenus en employant une solution de sel à base alcaline recouvrant le mercure, exempt d'amalgation avec le métal de l'alcali. Ainsi je renvoie, à cet égard, à ce que

j'ai exposé dans le chapitre précédent. J'insiste seulement ici sur le phénomène d'écartement circulaire de la couche d'acide qui a lieu dans l'expérience représentée par la figure 17, lorsque cette couche, extrêmement mince, est mise en contact avec le fil négatif, phénomène semblable à ceux qui ont été exposés plus haut (173, 178), et qui concourt avec eux à prouver que les courants produits dans ces expériences par l'électricité voltaïque sur la surface du mercure, recouvert par un liquide aqueux, sont véritablement des courants épipoliques semblables à ceux qui sont produits par le contact de deux liquides hétérogènes déposés sur une lame de verre, ainsi que cela a été exposé dans le chapitre II.

183. Je passe actuellement à l'examen des mouvements épipoliques qui sont produits sur le mercure, couvert d'une couche d'acide, par le simple contact d'un métal qui forme avec le mercure un couple voltaïque. On a vu plus haut (38), l'expérience dans laquelle une goutte d'acide nitrique, placée sur la surface du mercure, y prend une extension centrifuge. Runge, auquel est due cette expérience, lui a donné la suite que voici : Ayant plongé un fil de fer dans le mercure, en traversant la couche mince d'acide, ce dernier s'est porté en entier autour du fil de fer, par un mouvement centripète ; ayant ensuite enlevé le fil de fer, l'acide s'étendit de nouveau, en couche mince, sur la surface du mercure, par un mouvement centrifuge. Runge n'a point observé le même phénomène en employant les acides sulfurique et hydrochlorique ; il a expérimenté, en outre, qu'un des bouts du fil de fer étant plongé dans le mercure là où il n'est point recouvert par la mince couche d'acide nitrique, et l'autre bout étant mis en contact seulement avec cette couche d'acide, celle-ci se porte en entier vers

le bout du fil de fer, qui la touche sans toucher le mercure situé au-dessous. J'ai répété ces expériences de Runge, et j'ai vu qu'elles étaient exactes : seulement j'ai trouvé qu'il s'était trompé relativement à l'acide sulfurique, qu'il dit impropre à la production de ces phénomènes ; je les ai obtenus avec cet acide de la même manière qu'avec l'acide nitrique. On ne les obtient point avec l'acide hydrochlorique, et cela parce que ce dernier n'est point susceptible, comme les deux précédents, de s'étendre spontanément en couche mince sur la surface du mercure, comme on l'a vu plus haut (39). Ainsi, l'extension de l'acide sur la surface du mercure est le résultat d'un courant épipolique centrifuge. Quant à l'accumulation centrale de l'acide qui se manifeste, tant lors de l'immersion du fil de fer dans le mercure au travers de l'acide, que lors du simple contact de l'un des bouts de ce fil de fer avec la couche d'acide, tandis que l'autre bout est en contact avec le mercure, elle me paraît devoir être expliquée de la manière suivante : Lorsque le fil de fer est plongé dans le mercure au travers de la couche d'acide, le fer est positif et le mercure est négatif : le circuit est complété par la couche d'acide. Le courant électrique marche du fil de fer au mercure dans cette couche d'acide, qui fait fonction de fil conjonctif, et ce courant revient vers le fil de fer par l'intérieur du mercure. Lorsque le fil de fer touche simplement la couche d'acide par un de ses bouts, et que son autre bout est en contact avec le mercure au-delà de l'espace occupé par la couche d'acide, le mercure devient positif, et le fil de fer devient négatif : le courant électrique marche donc en sens inverse de celui qu'il affectait dans le cas précédent. Il traverse verticalement la couche d'acide en marchant du fil de fer vers le mercure sous-jacent ; il marche ensuite dans l'intérieur du mercure vers le bout du fil de fer qui est plongé dans ce métal, et, de ce point, il suit le fil de fer jusqu'à son contact avec la couche d'acide. Il y a donc, dans ces deux cas, deux directions inverses du courant électrique, et cependant l'effet épipolique est le même. Dans l'un et dans l'autre cas, il y a un courant épipolique centripète à la surface du mercure. Ce courant n'est donc point une dépendance du courant électrique ; il n'est point produit *directement* par ce dernier. Cette conclusion me paraît incontestable. Il faut donc nécessairement attribuer à une antre cause la production de ce courant épipolique centripète. Or, cette cause se trouve sans difficulté dans les considérations suivantes :

184. Je commence par le cas dans lequel le fil de fer est plongé dans le mercure au travers de la couche d'acide. Le mercure qui, avant cette immersion, était attaqué par l'acide, cesse de l'être au moment où il est touché par le fer, parce qu'alors il devient négatif ; le fer, qui est positif, est, par cela même, seul dissous par l'acide. Il se forme donc autour du fil de fer une petite masse centrale ou *une goutte* de dissolution saline. Cette goutte se trouve située au milieu d'une mince couche d'acide étendue sur une surface polie. Or, j'ai fait voir plus haut (57, 64) que ce sont là des conditions dans lesquelles il y a production d'un courant épipolique centripète.

185. Je viens actuellement au cas dans lequel le fil de fer est en contact par un de ses bouts avec la mince couche d'acide qui recouvre le mercure, tandis que son autre bout est en contact avec ce métal. Alors le pôle négatif se trouve situé à l'extrémité du fil de fer qui est en contact avec l'acide, lequel, par conséquent, ne dissout point ce métal ; le pôle positif se trouve situé sur le mercure au-dessous du

pôle négatif dont il est séparé par la mince couche d'acide. Le mercure, à son pôle positif, est dissous par l'acide ; il se forme donc, spécialement dans cet endroit, une petite masse centrale ou *une goutte* de dissolution saline, laquelle, située au milieu d'une mince couche d'acide, y donne naissance, comme ci-dessus, à un courant épipolique centripète.

186. Ainsi, dans ces deux expériences, où il existe deux courants électriques dirigés en sens inverses, il y a également production d'une dissolution saline dans un point central d'une couche extrêmement mince d'acide. Le sel est à base de fer dans le premier cas et à base de mercure dans le second cas ; cela n'influe point sur le phénomène épipolique ; il suffit de sa qualité de sel pour qu'il détermine la production du courant épipolique centripète dans le cas dont il s'agit. Le courant électrique sert ici à localiser la production du sel, et il doit servir en outre, on n'en peut douter, à donner une impulsion plus vive au courant épipolique. Cette influence que le courant électrique exerce sur le courant épipolique est inconnue dans sa nature ; on voit seulement ici que le courant électrique n'exerce point cette influence en vertu de sa direction : il paraît donc ne l'exercer qu'en vertu de sa seule existence.

187. Ces expériences conduisent à l'explication d'un autre fait du même genre que j'ai observé en employant la pile voltaïque. Je couvre le mercure d'une couche très-mince d'acide sulfurique, par le moyen indiqué plus haut (181), je place le fil de platine pôle négatif dans le mercure près de sa circonférence, et je mets l'extrémité du fil positif en contact avec le milieu de la couche mince d'acide qui recouvre le mercure. A l'instant toute cette couche mince d'acide se porte vers le pôle positif, par un

vif mouvement centripète, et elle s'accumule autour de lui. Cette accumulation centrale de l'acide ne dure que pendant un court espace de temps ; la surface du mercure se couvre entièrement d'un enduit blanchâtre qui occasionne la cessation de ce courant épipolique centripète, et le liquide retourne brusquement à son niveau. Le mercure, dès le commencement de cette expérience, prend un léger exhaussement de niveau, c'est-à-dire une augmentation de convexité qu'il conserve après que l'acide est retourné à son niveau. Si l'on interrompt le circuit par l'enlèvement du fil négatif, le mercure reflue vivement vers sa circonférence, et il reprend sa convexité naturelle et moindre. Si pendant le peu de temps que l'acide était accumulé autour du fil positif, j'enlevais ce dernier, je voyais à l'instant l'acide refluer vers la circonférence avec tant de vivacité que le mercure demeurait à nu dans son centre.

188. Le phénomène de l'accumulation de l'acide sulfurique autour du pôle négatif touché par cet acide, lorsque le pôle négatif est en communication avec le mercure, sur lequel l'acide est étendu en couche mince, a été vu par Ermann, qui a fait cette expérience comme une suite de celle qu'il avait faite touchant l'extension spontanée d'une goutte d'acide sulfurique sur le mercure, expérience dont j'ai fait mention plus haut (38). J'ai fait voir que cette extension spontanée de la goutte d'acide sulfurique était le résultat de l'établissement d'un courant épipolique centrifuge ; l'action électrique appliquée, de la manière ci-dessus indiquée, à cette goutte étendue en couche mince sur le mercure, lui donne une accumulation centrale, résultat de l'établissement d'un courant épipolique centripète.

189. La théorie de ce phénomène est facile à établir d'après les principes que j'ai admis. Il y a ici formation lo-

cale et centrale d'un sel au milieu d'une couche mince d'acide. Le fil de platine négatif, étant plongé dans le mercure, rend tout ce métal négatif, et le pôle de ce nom se trouve situé à la surface du mercure au-dessous de l'extrémité du fil de platine pôle positif, lequel est en contact avec la mince couche d'acide qui recouvre le mercure. A ces deux pôles extrêmement rapprochés, se portent les deux éléments du sel mercuriel décomposé, et ces deux éléments se recombinent immédiatement dans l'intervalle extrèmement petit qui sépare ces deux pôles ; il y a donc là, c'est-à-dire au milieu de la couche mince d'acide qui recouvre la surface polie du mercure, formation d'une petite masse centrale de sel ; or, c'est la condition dans laquelle il y a production d'un courant épipolique centripète, ainsi que je l'ai déjà établi plus haut (185). Dès que la surface du mercure se trouve recouverte par un enduit qui lui ôte son poli, le courant épipolique s'abolit, parce qu'il est dans la nature de ces sortes de courants de ne pouvoir exister que sur les surfaces polies.

190. Je dois actuellement m'arrêter à l'examen d'un fait dont il a déjà été fait mention plus haut (160). Le mercure, exempt d'amalgamation avec un métal d'alcali et placé librement sur le fond d'un vase de verre où il est recouvert par une solution saline, s'allonge ou se porte vers le pôle négatif au moment où le circuit est fermé , les deux pôles étant dans la solution. Dans une expérience disposée de la même manière, le mercure amalgamé avec un métal d'alcali s'allonge vers le pôle positif au moment de l'établissement du circuit (166). L'expérience étant encore disposée de la même manière et le mercure pur recouvert par un acide, ce métal s'allonge vers le pôle négatif comme cela a ieu lorsqu'il est pur et recouvert par une solution saline.

Ces phénomènes ne peuvent évidemment être rapportés à des attractions électriques. En effet, le mercure amalgamé avec un métal d'alcali est éminemment positif, il devrait donc être repoussé électriquement par le pôle positif au lieu de se porter vers lui , ainsi que cela a lieu. D'un autre côté, lorsque le mercure est recouvert par un acide qui le dissout, l'acide est positif et le mercure est négatif : ce dernier devrait donc être repoussé par le pôle négatif au lieu de se porter vers lui, ainsi que cela s'observe. Aussi W. Herschel a-t-il considéré ce phénomène comme une *attraction apparente* du mercure par le pôle négatif ; il attribue ce mouvement à une réaction qu'éprouverait le mercure par le fait de son frottement sur la surface du fond du vase qui le contient, frottement qui résulterait d'un courant en sens inverse que ce physicien suppose exister à la partie inférieure du mercure en contact avec le fond du vase ; à l'appui de cette assertion, il affirme que cette *attraction apparente* n'a lieu que lorsque le mercure repose sur une surface munie d'aspérités comme celle d'un vase de terre de Wedgewood , ou celle d'un verre dépoli , ce phénomène ne s'observerait jamais lorsque le mercure repose sur une surface de verre qui a son poli naturel. Mes expériences infirment complétement cette assertion ; j'ai vu toujours cette tendance du mercure vers le pôle négatif se manifester de la manière la plus prononcée, le mercure, couvert d'un acide , étant placé sur la surface du verre le plus parfaitement poli. Ce phénomène doit être considéré comme étant semblable au suivant qui a été observé d'abord par Ermann , et ensuite par Pfaff, et que j'ai observé comme eux. Lorsque les deux fils de platine pôle positif et pôle négatif ont leurs extrémités rapprochées de la surface du mercure recouvert par un acide, ce métal offre une

petite élévation conique au-dessous du pôle négatif primitif,
ou au pôle positif secondaire ; il offre, au contraire, un
petit enfoncement au-dessous du pôle positif primitif ou au
pôle négatif secondaire. Il est évident qu'ici la tendance de
bas en haut du mercure vers le pôle négatif primitif est le
même fait que la tendance horizontale du mercure ou son
allongement vers ce même pôle ; aussi ai-je expérimenté
dans cette dernière expérience, que le mercure, en même
temps qu'il s'allonge vers le pôle négatif primitif, se retire
horizontalement du voisinage du pôle positif primitif, prenant une courbure concave dans cet endroit. La cause de
ces phénomènes reste à démontrer ; il en est de même de
la cause de l'aplatissement du mercure dans l'expérience
suivante.

191. Je mets une petite nappe de mercure sur le fond à
concavité presque insensible d'un vase de verre, et je verse
dans ce vase de l'acide sulfurique pur, étendu de deux fois
son volume d'eau distillée, jusqu'à ce que la petite nappe
de mercure soit recouverte par une couche d'acide. Je
plonge le fil de platine pôle positif dans le milieu de la
petite nappe au travers de l'acide ; le fil de platine pôle négatif est plongé dans l'acide loin du mercure. La surface de
ce métal se couvre d'un enduit blanchâtre. Bientôt on observe un autre phénomène : la petite nappe circulaire de
mercure, recouverte de liquide acide, y avait conservé,
comme c'est l'ordinaire, sa forme légèrement convexe, surtout vers ses bords ; cette forme est un diminutif de la tendance qu'a le mercure à se former en globules sphériques,
lorsque sa masse est beaucoup plus petite, et cette tendance est le résultat de sa force épipolique naturelle, ainsi
que je l'ai exposé plus haut (22). Or, dans l'expérience dont
il est ici question, on voit le mercure s'aplatir et s'étendre

lentement sur la surface du fond du vase, en rompant à sa circonférence l'enduit opaque qui le recouvre ; on voit même, dans certains points de cette circonférence, où l'enduit est apparemment plus facile à percer, le mercure former des coulées, des sortes de *queues;* on dirait qu'il est devenu plus liquide qu'il ne l'était auparavant, et, ce qu'il y a de remarquable, cet état persiste après qu'on a interrompu le circuit en enlevant le fil positif qui était plongé dans le mercure. Ce métal a donc perdu une partie de sa force épipolique naturelle, de cette force qui tendait auparavant à donner de la convexité à sa surface, de cette force enfin qui semblait établir, entre le verre et lui, une répulsion analogue à celle qui existe entre un corps solide gras et une goutte d'eau. Le mercure demeurant aplati et étendu, comme il vient d'être dit, et cela dans l'absence du courant électrique, je rétablis le circuit en sens inverse ; le fil positif est plongé dans l'acide, loin du mercure, et le fil négatif est plongé au milieu de ce métal, qu'on voit alors reprendre lentement sa convexité naturelle, en se resserrant sur lui-même, et cet état persiste après l'interruption du circuit. Autant de fois que l'on répète ces deux dispositions inverses de l'expérience, autant de fois on observe les deux résultats inverses que j'ai indiqués, savoir : d'une part, l'aplatissement et l'extension du mercure, et d'une autre part, le resserrement sur lui-même de ce métal et son retour à sa forme convexe naturelle. Ces phénomènes ont été imparfaitement décrits par Pfaff.

192. Je ferai observer que, sous l'influence des mêmes courants électriques, une goutte d'eau placée sur le mercure offre exactement les mêmes phénomènes successifs d'aplatissement et de resserrement sur elle-même qui sont offerts ici par une petite masse de mercure recouverte d'a-

cide sulfurique. J'ai fait voir (129) que, dans la goutte d'eau, ces phénomènes étaient le résultat des modifications apportées par l'électricité voltaïque dans les forces épipoliques naturelles et respectives de l'eau et du mercure ; il en est de même par rapport au mercure placé dans un vase de verre et recouvert d'acide sulfurique étendu d'eau ; l'électricité voltaïque modifie d'une manière inconnue la force épipolique du mercure, semble lui donner une liquidité plus grande, ou plutôt diminue l'intensité de la force épipolique coercitive qui tend, dans l'état naturel, à le resserrer sur lui-même, et qui s'oppose à ce qu'il s'étende sur le verre et qu'il lui adhère. On voit alors cette adhérence s'opérer, et cela quoique le mercure et le verre soient mouillés par un liquide aqueux, ce qui prouve bien que la siccité de ces deux corps n'est point une condition de leur adhérence mutuelle, ainsi que je l'ai dit plus haut (22).

CHAPITRE VIII.

**Production des courants épipoliques dans les liquides alcalins
recouvrant le mercure , par l'emploi de l'électricité de la
pile voltaïque.**

193. Les phénomènes dont il est question dans ce chapitre, négligés par Ermann, ont été étudiés par W. Herschel,
par Nobili et par Pfaff. C'est ce dernier qui est entré avec le
plus de détail dans l'exposé de ces phénomènes. Ayant mis
du mercure dans un verre de montre, il le recouvrit d'une
solution de potasse caustique. Au moyen d'un fil de platine,
il mit le bord du mercure en communication avec le pôle
négatif de la pile voltaïque ; un autre fil de platine fut placé
dans la solution alcaline, à l'autre extrémité du diamètre sur
lequel était situé le fil négatif. Il s'établit dans le liquide
alcalin, sur la surface du mercure, un courant qui marcha
en ligne droite du fil positif au fil négatif, et qui, près de ce
dernier, se réfléchit, sous forme de double tourbillon, pour
revenir, de part et d'autre, vers son point d'origine. Pfaff a
expérimenté que le fil négatif ayant été, pendant un certain
temps, plongé dans le mercure, tandis que le fil positif com-
muniquait seulement avec la solution alcaline, temps pendant

lequel le courant précédent avait continué d'exister ; il a expérimenté, dis-je, qu'en retirant alors le fil négatif du mercure, et en le laissant seulement en contact avec la solution alcaline, et cela au même endroit, le courant continuait sans éprouver de changement. Ce courant toutefois cessa après un certain temps. Pfaff reconnaît avec W. Herschel l'influence qu'exerce sur ces phénomènes la présence du potassium dans le mercure avec lequel il est amalgamé, potassium qui provient de la décomposition de la potasse caustique par l'action de la pile. Le même physicien a fait des expériences analogues en substituant à la solution de potasse caustique de l'ammoniaque liquide, de l'eau de baryte ou de l'eau de strontiane. Il résulte de ces expériences que, lorsque les deux pôles de la pile sont en communication avec le liquide alcalin qui recouvre le mercure, il n'existe de courant sur la surface de ce métal que lorsqu'il est amalgamé avec le métal de l'alcali ; ce courant cesse lorsque le mercure est revenu à son état de pureté par l'oxidation complète de ce métal de l'alcali.

194. Ces expériences de Pfaff sont parfaitement exactes ; mais, ayant négligé de les poursuivre, il n'a pas aperçu tous les résultats auxquels elles pouvaient conduire, ainsi qu'on va le voir par les expériences suivantes :

195. Je continue, comme ci-dessus (152), à mettre le mercure dans un petit vase de verre, très-peu élevé, qui est placé au milieu d'un vase de verre bien plus grand, dans lequel je place le liquide, qui est actuellement une solution d'une partie de potasse caustique dans 49 parties d'eau distillée. Cette solution alcaline recouvre le mercure d'une couche de 1 à 2 millimètres d'épaisseur. Je place les deux fils de platine, pôles positif et négatif, dans la solution alcaline, de manière à ce que la ligne droite, tirée de l'un à

l'autre, passe par le centre du mercure. On a vu plus haut (152, 181) que, dans ce mode d'établissement de l'expérience, et lorsque c'est une solution saline ou un acide qui recouvre le mercure pur, il s'établit, sur la surface de ce métal, un double tourbillon, dont le courant central est dirigé du pôle positif secondaire p (fig. 13), vers le pôle négatif secondaire n. Or, le mercure étant recouvert d'une solution alcaline, il ne s'établit, dans ce cas, aucun courant épipolique. Quelquefois cependant, il arrive qu'il se manifeste, pendant une ou deux secondes seulement, un courant semblable à celui qui est représenté par la figure 13; mais ce courant très-éphémère doit être attribué, à mon avis, à ce que la potasse caustique n'est pas parfaitement pure, et contient un peu de carbonate de potasse, en raison de l'acide carbonique qu'elle emprunte fort rapidement à l'atmosphère. Le courant éphémère dont il est ici question, et qui d'ailleurs ne se présente pas toujours, est, en effet, celui qui est produit d'abord lorsque le mercure est recouvert par une solution saline, surtout lorsque la température est basse et que la pile est faible. Ce courant ne doit donc point fixer l'attention, et l'on doit admettre que, dans l'expérience établie comme il vient d'être dit, il ne se manifeste aucun courant épipolique sur la surface du mercure. Cependant on voit ce métal se couvrir d'un enduit jaunâtre à son pôle positif secondaire. Cet enduit jaunâtre est, selon Nobili, le premier degré de l'oxidation du métal de l'alcali. Cela prouve que le mercure s'est amalgamé avec une petite quantité de potassium, lequel vient s'oxider lentement au pôle positif secondaire, où il forme ce que Nobili a nommé une *apparence électro-chimique* (148). En vain on continue à laisser agir de la même manière le courant électrique; le mercure n'acquiert point assez de potassium pour qu'on voie s'établir le courant épipolique, représenté par la figure 14 , courant qui ne manque jamais de s'établir lorsque le mercure est recouvert par une solution d'un sel à base alcaline , et qui est dû à l'amalgamation du métal de l'alcali avec le mercure. La décomposition de l'alcali par les pôles secondaires du mercure est donc beaucoup plus difficile lorsque le mercure est recouvert par une solution alcaline que lorsqu'il est recouvert par une solution d'un sel à base alcaline.

196. Pour amalgamer facilement le potassium avec le mercure recouvert par une solution de potasse caustique, il faut avoir recours à l'énergie du pôle négatif primitif, et plonger ce pôle dans le mercure. Alors on voit s'établir sur ce métal le courant épipolique représenté par la figure 21 , figure qui a déjà servi ci-dessus (175) à représenter ce même courant produit par la même disposition des pôles, lorsque le mercure était recouvert par une solution de sel à base alcaline. Ainsi, le fil négatif N étant plongé dans le mercure tandis que le fil positif P est plongé, soit dans la solution de sel à base alcaline , soit dans la solution alcaline qui recouvre ce métal, ce dernier s'amalgame avec le métal de l'alcali, et il en résulte l'établissement du courant épipolique représenté par la figure 21. J'ai fait voir plus haut (175) que le *véritable* pôle négatif est alors au point *a* de la circonférence du mercure, point qui est situé sur la ligne droite tirée du centre du mercure au fil positif P. J'ai fait voir que si l'on déplace ce fil positif P, on déplace en même temps le courant central *a b* du double tourbillon , courant dont l'origine est toujours au pôle négatif *véritable*, situé vis-à-vis du pôle positif P, que l'on peut promener ainsi dans toute l'étendue de la solution et tout autour du mercure, ce qui change sans cesse la direction du courant épipolique. J'ai fait voir, en même temps , que le fil positif P

demeurant en place, on peut promener le fil négatif N dans toute l'étendue du mercure, même le mettre au point *a* sans apporter aucun changement dans la direction du courant épipolique, et cela parce que le pôle négatif *véritable* est toujours alors situé au point *a*. Tous ces phénomènes, qui s'observent lorsque le mercure est recouvert par une solution de sel à base alcaline, s'observent également lorsque le mercure est recouvert par une solution alcaline, et leur cause première se trouve également dans l'amalgamation du métal de l'alcali avec le mercure. J'ai fait voir (175) que, lorsque le mercure est recouvert par une solution de sel à base alcaline, le courant épipolique est produit, au pôle négatif *véritable a*, par deux causes que j'ai reconnues comme propres à donner naissance à ce courant, savoir le dépôt à ce pôle négatif *a* de l'alcali caustique provenant de la décomposition du sel, et le dépôt à ce même pôle du métal de l'alcali provenant de la décomposition de cet alcali. Or, cette dernière cause de production du courant épipolique, cause qui des deux paraît être la plus puissante, existe seule lorsque le mercure est recouvert par une solution alcaline. Ainsi, cette dernière étant une solution de potasse caustique, le potassium, qui doit être solide à l'état naissant, se dépose au pôle négatif *a* (figure 21), où il s'amalgame immédiatement avec le mercure. Or, j'ai fait voir plus haut (70, 73, 74) que, lorsqu'une substance passe de l'état liquide à l'état solide par suite d'une décomposition opérée par la pile, et cela sur une surface polie recouverte par une couche de liquide aqueux, il se produit, dans cet endroit, un courant épipolique centrifuge qui se projette sur la surface polie. Or, ici, ce courant épipolique, qui prend naissance sur la surface polie du mercure et à sa circonférence, se projette vers le centre du mercure en suivant la ligne diamétrale que j'ai désignée (96) sous le nom d'*axe épipo-lique.* Ce même courant épipolique devient concentrique-ment centrifuge lorsque le pôle positif P, au lieu d'être éloigné latéralement du mercure, comme cela a lieu dans la figure 21, est placé dans la solution au-dessus de la surface du mercure, comme cela a lieu dans la figure 22.

197. Dans ces expériences, il se forme toujours un enduit blanchâtre à la surface du mercure ; cet enduit est chassé par le courant épipolique plus ou moins loin, selon la force de ce courant, lequel se réfléchit sur le bord de cet enduit, parce qu'il est dans la nature des courants épipoliques de ne pouvoir exister que sur les surfaces polies.

Pour abréger ici l'exposition des phénomènes que l'on observe lorsque le mercure, recouvert d'une solution alca-line, est en contact avec le fil négatif, tandis que le fil po-sitif est dans la solution, je me bornerai à dire que ces phé-nomènes sont exactement les mêmes que ceux qui ont lieu, avec la même disposition des pôles, lorsque le mercure est recouvert par une solution d'un sel à base alcaline ; je ren-voie donc, à cet égard, aux expériences que j'ai rapportées plus haut (175-178).

198. Le mercure étant recouvert par une solution de potasse caustique, et l'expérience étant établie comme cela est représenté par la figure 21, c'est-à-dire le fil négatif N plongé dans le mercure, et le fil positif P dans la solution, le courant épipolique représenté par cette figure s'établit, et le mercure acquiert du potassium. Si alors on retire le fil négatif du mercure, et qu'on le laisse, au même endroit, plongé seulement dans la solution alcaline, le courant épipo-lique établi continue d'exister jusqu'à ce que tout le potas-sium qui avait été précédemment amalgamé avec le mer-cure, soit oxidé. Pfaff, qui a noté ce fait, a cru que le

second de ces phénomènes était la continuation simple du premier ; il se fût détrompé s'il eût un peu varié l'expérience. En effet, lorsque le fil négatif était plongé dans le mercure, on ne pouvait déplacer le fil positif du point **P** qu'il occupe dans la figure 21, sans changer en même temps la direction du courant épipolique, et cela, parce que ce courant tire son origine du pôle négatif *véritable a*, lequel suit nécessairement le pôle positif P dans tous ses déplacements (176), tandis que, lorsque le fil négatif est retiré du mercure et laissé, au même endroit, dans la solution alcaline, on peut changer à volonté la position du pôle positif P sans que le courant épipolique préexistant à ce changement soit dérangé de sa direction. Cela provient de ce que le mercure possède alors deux pôles secondaires, et que le courant épipolique prend son origine au pôle positif secondaire, situé au-dessous du pôle négatif primitif ; aussi la direction du courant épipolique change-t-elle lorsqu'on place ailleurs, et toujours dans la solution alcaline, le pôle négatif primitif **N** qui entraîne nécessairement avec lui, dans son déplacement, le pôle positif secondaire qui lui correspond.

199. Il n'est pas besoin que le pôle négatif primitif soit placé au-dessus de la surface du mercure pour que le courant épipolique, dont il est ici question, se manifeste. Le même phénomène a lieu lorsque le pôle négatif primitif est placé dans la solution alcaline en dehors du mercure, comme on le voit dans la figure 23 : alors on voit le courant central, commun aux deux tourbillons, s'élancer sur la surface de la solution alcaline, en se dirigeant directement du pôle positif secondaire p, vers le pôle négatif primitif **N** ; puis, se divisant plus loin en deux branches, donner naissance aux deux courants latéraux qui complètent les deux

tourbillons, lesquels n'atteignent pas, le plus souvent,
le pôle négatif secondaire *n*. Si l'on met le pôle négatif
primitif N entre le mercure et le pôle positif primitif P,
comme on le voit dans la figure 24, il s'établit encore,
par induction, un pôle positif secondaire *p* et un pôle
négatif secondaire *n* à la circonférence du mercure, et le
courant central, commun aux deux tourbillons, s'élance
encore sur la surface de la solution alcaline, en dehors du
mercure, vers le pôle négatif primitif N. Si, enfin, le pôle
négatif primitif N n'est pas placé sur le même diamètre que
le pôle positif primitif P, comme on le voit dans la fig. 25 ;
le courant épipolique s'élance encore en dehors du mercure
et vers le pôle négatif primitif N sur la surface de la solution alcaline, mais il n'offre plus que d'une manière impar-
faite la forme d'un double tourbillon ; souvent même alors
le tourbillon est unique ; il n'existe qu'un léger rudiment *a*
du second tourbillon. Il résulte de ces expériences que le
pôle positif secondaire *p* (fig. 23, 24 et 25) est véritablement
le lieu d'origine du courant épipolique. Or, c'est à ce pôle
positif secondaire *p* que s'opère l'oxidation du potassium
qui a été précédemment amalgamé avec le mercure ; la
potasse caustique ainsi déposée localement, et sans cesse
renouvelée sur la surface du mercure recouvert d'une
couche très-mince de solution alcaline, donne naissance au
courant épipolique. Or, ce courant offre ici cette particu-
larité très-remarquable, et qui ne s'était point encore pré-
sentée à mon observation, que ce n'est point, comme à
l'ordinaire, sur la surface du mercure que se projette le
courant épipolique au moment de sa naissance ; c'est sur la
surface de la solution alcaline dont le niveau est presque le
même que celui de la surface du mercure. Comme je n'ai
point observé de phénomène analogue lorsque le mercure,

soit pur, soit amalgamé avec un métal d'alcali, était recouvert par une solution saline ou par un acide, cela m'a prouvé que la solution alcaline était seule propre, par la force épipolique naturelle de sa surface, à disputer à la surface du mercure le courant épipolique qui, dans la plupart des autres circonstances, se projette ou se dirige sur la surface du mercure, de préférence à la surface du liquide aqueux qui environne ce métal. Nous verrons plus bas un autre exemple de ce phénomène remarquable.

200. Je suis parvenu à obtenir à la fois un courant épipolique sur la surface du mercure amalgamé de potassium, et sur la surface à peu près de même niveau de la solution alcaline qui recouvrait ce métal d'une couche très-mince par le procédé suivant. J'ai placé le pôle positif primitif P (fig. 26), dans la solution alcaline loin du mercure; le pôle négatif primitif N a été plongé dans la couche de la même solution alcaline qui recouvrait le mercure, et cela près de la circonférence. Je suis parvenu à obtenir que l'extrémité du fil de platine touchât légèrement la surface du mercure sans être *mouillée* par ce métal ou sans s'amalgamer avec lui, ce dont il résultait qu'il n'y avait point de contact véritable entre le fil de platine et le mercure; ce dernier, par conséquent, continuait de posséder dans cet endroit un pôle positif secondaire dans un rapprochement extrême du pôle négatif primitif N. Il résulta de cette disposition de l'expérience qu'il y eut deux courants épipoliques établis, l'un sur la surface de la solution alcaline, l'autre sur la surface du mercure amalgamé de potassium. Ces deux courants épipoliques, tous les deux à double tourbillon et dirigés en sens inverses, prenaient leur origine au même point, c'est-à-dire au pôle positif secondaire situé sur le mercure au-dessous du pôle négatif primitif N, et devaient

également leur production à la potasse caustique qui se renou-
velait sans cesse à ce pôle positif secondaire par l'oxidation
du potassium qui s'y opérait. Ici la surface du mercure dispu-
tait à la surface de la solution alcaline la projection du courant
épipolique sans l'emporter cependant sur cette dernière ;
seulement elle partageait également avec elle cette projection
du courant épipolique. Je pouvais transporter le pôle positif
P dans tout autre point de la solution alcaline, et même le
placer au point a sans apporter aucun changement dans la
direction ni dans l'énergie de ces deux courants épipoliques
inverses. Cela provenait de ce que le déplacement du pôle
positif primitif P n'apportait aucun changement dans la position du pôle positif secondaire situé à la surface du mercure au-dessous du pôle négatif primitif N.

201. J'ai observé que les deux courants épipoliques, inverses à leur point commun d'origine et de contact, agis-
saient mécaniquement l'un sur l'autre de manière à produire
dans cet endroit un refoulement qui élevait un peu la solution alcaline au-dessus de son niveau autour du fil négatif
N. Ce phénomène était le résultat de l'afflux simultané vers
le même point N des quatre courants latéraux appartenant
aux deux courants épipoliques inverses, l'un et l'autre à
double tourbillon. La représentation de ces deux doubles
tourbillons, dans la figure 26, suffit pour donner une idée
du mécanisme qui produit cette élévation centrale du liquide,
élévation qui se montre de même lorsqu'on transporte le
pôle négatif primitif N vers le milieu de la couche mince
de liquide alcalin qui recouvre la surface du mercure.

202. Je ferai observer que, pour la réussite de ces diverses
expériences, il est nécessaire que le mercure ait sa surface
parfaitement nette ; il faut qu'on n'y aperçoive pas le plus léger

voile qui puisse accuser la présence d'un enduit gras, car, lorsque cet enduit existe, fût-il d'une ténuité extrême, il complique les phénomènes par l'influence que les corps gras exercent sur les courants épipoliques, ainsi qu'on le verra dans le chapitre suivant.

CHAPITRE IX.

Production des courants épilopiques dans les liquides alcalins recouvrant le mercure amalgamé avec le potassium
par l'effet du contact d'un autre métal avec cet amalgame.

203. J'entre ici dans l'étude des phénomènes dont l'observation première appartient à Serullas[1], phénomènes curieux
que l'on s'étonne, à bon droit, de n'avoir pas vu poursuivre
avec plus d'activité par les physiciens. Ces phénomènes, au
reste, sont du même genre que ceux qui viennent d'être
étudiés; ils dépendent, comme eux, de l'action de la force
épipolique, mise en jeu par l'électricité à l'aide des substances
dont elle localise la production.

204. Serullas a découvert qu'en plongeant une tige métallique, une tige de fer, par exemple, dans le mercure
amalgamé de potassium et recouvert d'une mince couche
d'eau, ce liquide, qui devient promptement une solution
alcaline, se porte rapidement vers la tige de fer et s'y accu-

1. Journal de Physique, t. XCI, p. 181.

mule en s'élevant au-dessus de son niveau, en sorte que, si la quantité de l'eau est peu considérable, elle est portée en entier autour de la tige métallique. Serullas n'a point cherché à étudier le mécanisme du mouvement qui opère cette accumulation centrale du liquide ; il a été porté sans doute, comme tous les physiciens, à considérer ce phénomène comme le résultat d'une *attraction* due à l'électricité, en sorte que le mécanisme des mouvements qu'il présente à l'observation n'a pas semblé mériter d'être étudié. Pour procéder méthodiquement à cette étude, je vais commencer par le cas où la solution alcaline est un peu élevée au-dessus de la surface du mercure amalgamé avec du potassium, et je diminuerai ensuite la hauteur de cette solution jusqu'à ne plus former qu'une couche aussi mince qu'il est possible qu'elle le soit.

205. Du mercure pur, amalgamé avec du potassium, est conservé dans un flacon où il est recouvert d'huile de naphte. Avec une petite pompe de verre, je prends un peu de cet amalgame qui se trouve nécessairement accompagné par un peu d'huile de naphte, et je l'ajoute à du mercure pur qui couvre le fond d'un vase de verre d'environ 60 millimètres de diamètre. Je verse ensuite sur le mercure, jusqu'à la hauteur de 15 à 20 millimètres, une solution d'une partie de potasse caustique dans 49 parties d'eau distillée. Lorsque ce liquide a perdu le mouvement qui lui a été mécaniquement imprimé, on voit, à la surface du mercure, la petite quantité d'huile de naphte, qui y a été apportée avec le potassium, se réunir en petites plaques transparentes, dans lesquelles on remarque quelques bulles de gaz. Ces petites plaques d'huile de naphte qui paraît avoir perdu sa fluidité demeurent adhérentes à la surface du mercure, malgré leur légèreté spécifique qui semblerait devoir les amener à la surface de la solution alcaline ; fixées à cette surface, elles

s'y meuvent en divers sens, et elles finissent par se réunir et par ne plus former qu'une seule plaque, toujours très-mince, qui se fixe ordinairement en un point quelconque des parois du vase, et là elle devient le centre d'un mouvement du liquide à la surface du mercure, mouvement qui sera étudié tout à l'heure, et qui cesse d'exister au moment où l'on plonge une tige de fer ou de platine au milieu du mercure, en traversant l'épaisse couche de solution alcaline qui le recouvre. A l'instant de cette immersion, la plaque d'huile de naphte se porte rapidement vers la tige de fer, et on voit s'établir, dans le liquide alcalin, un mouvement centripète général, lequel suit la surface du mercure et aboutit à la tige métallique immergée, comme on le voit dans la figure 27, qui offre la coupe idéale et verticale du vase dans lequel sont contenus le mercure amalgamé de potassium aa, et la solution alcaline bb. Le courant centripète qui afflue de toutes parts vers la tige de fer c, en suivant la surface du mercure, se réfléchit vers le haut, auprès de cette tige, et gagne la surface de la solution alcaline, où il prend une direction centrifuge, qu'il suit jusqu'à une certaine distance, après quoi il s'infléchit vers le bas, et il rejoint le courant centripète, ce qui complète la circulation. On voit facilement cela à l'aide d'argile très-divisée, qu'on peut mettre en suspension dans la solution alcaline. Ce mouvement circulatoire concentrique dure tant qu'il y a du potassium dans le mercure.

206. J'enlève la tige de fer et je diminue la hauteur de la solution alcaline, de manière à réduire cette hauteur à environ 3 millimètres. La plaque d'huile de naphte demi-solide, qui est demeurée à la surface du mercure, redevient le centre d'un afflux général du liquide alcalin, qui suit la surface du mercure pour marcher vers elle, et qui, arrivé près

de ses bords , se réfléchit vers le haut et prend un mouvement inverse ou centrifuge en suivant la surface de la solution , puis retombe dans le courant centripète. Il s'établit ainsi une circulation complétement semblable à celle qui est produite par l'immersion d'une tige métallique dans le mercure. La plaque d'huile de naphte demi-solide joue ici véritablement le rôle d'un élément négatif, par rapport au mercure amalgamé de potassium qui est positif; c'est, en effet, sur les bords de cette plaque d'huile que se dégagent les bulles du gaz hydrogène provenant de la décomposition de l'eau ; ces bulles sont entraînées par les courants rapides du liquide alcalin , qui semble éprouver une répulsion en arrivant près des bords de la plaque d'huile de naphte demi-solide. Cette plaque, lorsqu'elle est libre d'adhérence anx bords du vase, se meut par un effet de réaction sur la surface du mercure.

207. Je réduis la hauteur de la solution alcaline à 1 ou 2 millimètres, et je plonge la tige de fer au centre du mercure. Cette faible profondeur de la solution ne permettant plus l'existence des mouvements circulatoires dans des plans verticaux, comme cela se voit dans la figure 27, ces mouvements s'établissent dans un plan horizontal, et cela au moyen d'un nombre plus ou moins considérable de *doubles tourbillons*, comme on le voit dans la figure 28, où j'ai réduit à quatre le nombre de ces *doubles tourbillons*, nombre qui se présente effectivement souvent, mais qui n'est pas constant. Cette figure représente le vase qui contient le mercure et la solution alcaline vu de haut en bas. La tige de fer a est ici le centre de 4 courants centripètes d, c, b, f. Chacun d'eux, en arrivant près de la tige de fer a, se divise en deux branches qui forment immédiatement deux courants centrifuges. Pour simplifier la description de ce phénomène, je

considère à part le double tourbillon dont le courant centripète est $d\,a$. Ce courant, en arrivant près de la tige de fer a, se divise en deux courants centrifuges $a,\,i;\,a,\,o;$ et ces deux courants reviennent se joindre de part et d'autre au courant centripète au point d. Ainsi se forme le double tourbillon $a,\,i\,d,\,o$, que je considère seul ici. Les autres doubles tourbillons se forment de la même manière, et comme ils sont en contact avec ceux qui les avoisinent il en résulte que leurs courants centrifuges contigus se confondent comme on le voit en $m,\,i;\,o,\,n$. Ainsi, en supposant qu'il y ait quatre doubles tourbillons, comme on le voit dans la figure 28, on ne distingue réellement que quatre courants centrifuges, comme on voit quatre courants centripètes.

208. Dans cette expérience, la force des courants centripètes l'emporte sur la force des courants centrifuges, et il en résulte qu'une grande partie du liquide affluent ne retourne pas à ses points de départ ou à la circonférence du mercure; il retombe dans les courants centripètes à une petite distance de la tige de fer. Il se forme ainsi, autour de cette tige, une élévation tourbillonnante du liquide alcalin, et si ce liquide est en petite quantité, il s'accumule tout entier autour de cette tige métallique; le reste de la surface du mercure demeure en apparence à sec. Je dis *en apparence*, car, dans le fait, il demeure toujours recouvert par une couche très-mince de solution alcaline. C'est ce que l'on va voir dans l'expérience suivante.

209. Après avoir couvert de mercure pur le fond du vase de verre employé ci-dessus, j'y ajoute un peu d'amalgame très-chargé de potassium. Cet amalgame, conservé sous l'huile de naphte et pris avec une petite pompe de verre, apporte nécessairement avec lui une petite quantité de cette huile. A l'instant où cet amalgame est ajouté au mercure,

qui est dans le vase où doit se faire l'expérience, on voit l'huile de naphte se répandre sur la surface du mercure, et on remarque qu'elle s'y concentre en petites plaques plus ou moins nombreuses; ces petites plaques, dans lesquelles l'huile paraît avoir un état de demi-solidité, se meuvent à la surface du mercure; on les voit, à la loupe, se liquéfier par leurs bords et projeter vivement autour d'elles cette huile liquéfiée; c'est par suite de ce mouvement centrifuge de l'huile liquéfiée que les petites plaques d'huile coagulée ou demi-solide se meuvent sur la surface du mercure. Ces petites plaques d'huile essentielle demi-solide offrent ainsi, à la surface de l'amalgame de potassium, exactement les mêmes phénomènes de mouvement épipolique qui sont offerts par une parcelle de camphre à la surface de l'eau ou du mercure. Dans cet état de choses, si l'on plonge dans le mercure un fil de fer ou de platine de 1 ou 2 millimètres de diamètre, on voit l'huile de naphte, disséminée sur la surface du mercure, se précipiter, par un vif mouvement centripète, vers le fil métallique immergé. Cette huile, affluente de toutes parts, s'accumule autour du fil métallique, et elle s'y coagule de nouveau, formant une couche demi-solide concentrique au fil et appliquée sur la surface du mercure. Mais on observe bientôt que cette huile n'est pas seule; elle est accompagnée, dans son mouvement centripète et dans son accumulation autour du fil métallique, par un liquide aqueux, lequel est formé par l'eau de l'atmosphère qui a été attirée par la potasse caustique que produit l'oxidation du potassium à la surface du mercure. On voit alors une grosse goutte de liquide qui, pressée concentriquement à sa base par l'afflux rapide et centripète de ce même liquide, en partie aqueux et en partie huileux, s'élève en cône autour du fil de platine ou de fer. Bientôt à ce phénomène il s'en joint un autre; le liquide aqueux et huileux, accumulé autour du fil métallique, éprouve une sorte d'explosion qui le disperse sur la surface du mercure par un vif mouvement centrifuge; alors l'huile qui était accumulée autour du fil métallique à l'état de coagulation a repris subitement l'état liquide; ensuite recommence le mouvement centripète qui ramène le liquide vers le fil métallique. Ces alternatives d'accumulation centripète et de dispersion centrifuge du liquide à la fois alcalin et huileux se reproduisent tant qu'il y a du potassium dans le mercure. Ces alternatives, toutefois, ne commencent à se manifester que lorsque l'action du potassium commence à s'affaiblir, ce qui amène la diminution de la force de l'afflux centripète du liquide.

209. Il n'est pas facile de déterminer la cause de la sorte de coagulation ou de demi-solidification qu'éprouve l'huile de naphte. On pourrait penser qu'elle résulte d'une saponification qui serait produite par la potasse caustique. Mais j'ai expérimenté qu'en mettant une petite quantité de cette huile sur une plaque solide de potasse caustique, dont la surface était enduite d'eau, cette huile n'éprouvait aucune altération appréciable, ni dans sa fluidité ni dans son aspect, par l'action de la solution alcaline très-concentrée avec laquelle elle se trouvait en contact. Il n'y a donc point ici de saponification de l'huile; et puis d'où proviennent ces alternatives de coagulation et de fluidification de cette huile selon son accumulation centripète ou sa dispersion centrifuge? Je laisse là cette question pour m'occuper de la recherche des causes auxquelles sont dus les mouvements que nous venons d'observer.

210. Le fil de fer ou de platine, plongé dans l'amalgame de potassium, forme avec lui un couple voltaïque dont il est l'élément négatif, l'amalgame étant l'élément positif;

Le circuit se trouve complété par le liquide alcalin qui recouvre l'amalgame. Dans cet état de choses, le pôle négatif se trouve au centre, et le pôle positif se trouve à la circonférence du mercure amalgamé de potassium. Or, c'est au pôle positif que s'opère l'oxidation du potassium, ou sa transmutation en potasse caustique ; celle-ci se forme donc à toute la circonférence du mercure, puisque cette circonférence tout entière est le pôle positif du couple voltaïque. Cette potasse caustique, à l'état naissant, possède le maximum de la causticité ; elle forme, à la circonférence du mercure, une solution qui l'emporte beaucoup, en densité, sur la solution de potasse caustique qui recouvre le reste de la surface du mercure, et surtout le centre où se trouve le pôle négatif, pôle où le potassium de l'amalgame ne s'oxide point du tout. Or, j'ai fait voir plus haut (164), que, dans une pareille circonstance, il doit exister un courant épipolique dirigé de toutes les parties de la circonférence où se forme la potasse caustique vers le centre où existe un liquide différent et apte, par sa nature, à provoquer, en pareil cas, l'établissement d'un courant épipolique centripète. Le liquide situé vers le centre est ici la solution assez faible de potasse caustique qui a été versée par l'expérimentateur sur l'amalgame de potassium. Cette solution est environnée de toutes parts par une solution bien plus concentrée de potasse caustique, produite à la circonférence par l'oxidation du potassium. Ainsi, un liquide dense et sans cesse renouvelé, environne de toutes parts un liquide de même nature, mais moins dense. Ces deux liquides sont disposés en couche mince sur une surface polie. Or, ce sont là des conditions qui doivent nécessairement déterminer l'existence d'un courant épipolique centripète, d'après les principes que j'ai établis plus haut (66). Dans cette expérie nce, le liquide central situé près du fil de fer, c'est-à-dire près du pôle négatif, augmente, il est vrai, sans cesse de densité par l'adjonction de la potasse qui résulte de la conversion du potassium de l'amalgame en potasse caustique ; mais cette conversion, qui s'opère à la circonférence où se trouve le pôle positif, donne toujours au liquide alcalin, que les courants centrifuges ramènent sans cesse vers ce pôle, une densité plus grande que ne l'est celle du liquide alcalin central.

211. Dans cette expérience, comme dans toutes celles qui ont précédé et dans lesquelles nous avons étudié des courants épipoliques, nous observons la tendance de ces courants à revenir sur eux-mêmes de manière à s'accomplir dans des courbes fermées, ou à former des tourbillons. Cette tendance est inhérente à la nature des courants épipoliques, et elle se montre de même dans les courants électriques et électro-magnétiques. C'est un fait général auquel il ne faut point chercher d'explication.

212. Dans une des dernières expériences que j'ai rapportées (209), on a vu que l'huile de naphte déposée en quantité fort petite à la surface de l'amalgame de potassium, et mêlée à la petite quantité de solution de potasse caustique produite par l'eau empruntée par l'amalgame à l'atmosphère, on a vu, dis-je, que ce mélange d'huile essentielle et de solution de potasse caustique offrait des alternatives de concentration et d'expansion sur la surface de l'amalgame. Voici actuellement les causes de ce double phénomène. Les courants centripètes du liquide alcalin, courants dont je viens d'exposer la cause efficiente, s'établissent, et ces courants balayent et entraînent avec eux l'huile de naphte répandue sur la surface de l'amalgame; cette huile s'accumule ainsi autour du fil métallique pôle négatif qui est le centre

auquel aboutissent les courants centripètes. Lorsque toute l'huile de naphte qui était sur la surface du mercure se trouve ainsi ramassée au centre sous forme de goutte, elle se trouve environnée de tous côtés par un liquide aqueux dont la qualité alcaline ne s'oppose nullement à ce que cette goutte centrale d'huile essentielle prenne, sur la surface polie du mercure, l'extension épipolique centrifuge qui, ainsi que je l'ai établi (75), est toujours le résultat de la position centrale d'une goutte d'huile essentielle au milieu d'une couche d'un liquide aqueux quelconque, placé sur une surface polie. Le courant épipolique centrifuge, produit par cette goutte d'huile de naphte, disperse cette huile sur la surface du mercure et entraîne en même temps la petite quantité de solution de potasse caustique qui avait été accumulée autour du fil métallique négatif. Immédiatement après cette sorte d'explosion, dont l'effet centrifuge est instantané, on voit les courants centripètes de la solution alcaline ramener de nouveau, en la balayant vers le centre, l'huile de naphte dispersée, et lorsqu'elle y est encore accumulée en entier sous forme de goutte, elle y produit, par explosion, un nouveau courant épipolique centrifuge qui opère de nouveau sa dispersion et celle du liquide alcalin accumulé autour d'elle. Ces alternatives d'accumulation centrale et de dispersion centrifuge de l'huile de naphte et du liquide alcalin se succèdent ainsi continuellement; elles cessent d'avoir lieu lorsque la solution de potasse caustique, en s'accroissant de volume, vient à former une goutte centrale trop grosse autour du fil métallique négatif. Alors ce liquide alcalin demeure accumulé par les courants centripètes autour de ce fil ; il a acquis assez d'épaisseur pour interrompre les rapports de l'huile de naphte avec la surface du mercure, rapports nécessaires pour la production du courant épipolique explosif et centrifuge qui se manifestait auparavant en vertu du double contact de la goutte centrale d'huile de naphte avec la solution alcaline et avec la surface du mercure.

213. J'ai observé les mêmes phénomènes en déposant une goutte d'alcool sur la surface de l'amalgame de potassium. Cette goutte balayée et accumulée au centre autour du fil métallique négatif par les courants centripètes de la petite quantité de solution alcaline produite par l'eau absorbée de l'atmósphère, y produisait, comme l'huile de naphte, à laquelle elle se trouvait associée, un courant épipolique centrifuge par explosion, et se trouvait ensuite ramenée de nouveau vers le centre par l'impulsion des courants centripètes du liquide alcalin.

214. Ainsi, il existe, dans cette expérience, deux liquides, desquels l'un, la solution aqueuse alcaline, tend à s'accumuler au centre, tandis que l'autre, le liquide hydrogéné combustible, tend à se disposer ou à s'étendre en couche mince sur la surface du mercure. C'est de la prédomination alternative de ces deux courants épipoliques opposés dans leur direction et produits par les deux liquides, que résultent les alternatives de leur concentration et de leur dispersion sur la surface du mercure amalgamé avec le potassium. Celui des deux liquides dont le courant épipolique est actuellement vainqueur entraîne l'autre malgré sa résistance dans le sens du mouvement qui lui est propre.

215. Les expériences qui viennent d'être exposées ont été faites en plongeant verticalement une tige de fer ou de platine dans une nappe d'amalgame de potassium recouverte d'une couche de solution de potasse caustique ; je vais actuellement varier les mêmes expériences en employant des tiges de fer ou de platine, qui, dans la position

horizontale et recouvertes d'une couche peu épaisse de solution aqueuse de potasse caustique, reçoivent en un point déterminé de leur longueur le contact d'un globule d'amalgame de potassium. Ce mode nouveau d'expérimentation va nous dévoiler des phénomènes très-curieux.

216. Je me suis servi, pour les expériences que je vais exposer, ou d'aiguilles à coudre, ou de morceaux de fil de platine d'un millimètre de diamètre et de trois centimètres de longueur. Quoique ces expériences réussissent également bien avec les aiguilles d'acier et avec les fils de platine, j'ai préféré ces derniers par la raison que voici : on a besoin, dans ces expériences, de fixer un globule d'amalgame de potassium sur un point déterminé du fil métallique ; or, on ne peut parvenir à fixer ainsi localement ce globule d'amalgame si le fil métallique a été précédemment mis en contact avec le mercure qui a mouillé sa surface, car alors le globule d'amalgame de potassium ne reste point à la place à laquelle on le dépose : il s'étend et se porte sur les parties du fil métallique qui ont conservé sur leur surface une couche invisible du mercure qui les a mouillées. Il devient donc nécessaire de dépouiller le fil métallique de cette couche de mercure qui lui est demeurée adhérente. On y parvient facilement, avec le fil de platine, en le faisant rougir à la flamme de l'alcool ; on ne peut employer le même moyen pour une aiguille d'acier, dont la forte chaleur oxiderait la surface, ce qui la rendrait impropre aux expériences dont il s'agit ici. C'est ainsi, avec des fils de platine, que j'ai fait la plupart des expériences dont je vais donner le détail. Je dois prévenir que pour les voir bien réussir, il faut les faire par une température qui ne soit pas inférieure à + 15 degrés C.

217. Je me suis procuré un vase, dont le fond de verre

parfaitement plan, était fait avec un morceau d'une glace assez épaisse pour qu'il fût possible d'y creuser des fossettes d'un à deux millimètres de profondeur, auxquelles je donnais divers diamètres, suivant que l'exigeaient mes expériences. Ces fossettes, qui étaient destinées à recevoir des globules plus ou moins gros de mercure ou d'amalgame de potassium, étaient disposées et espacées suivant le besoin. J'ai déposé, dans une de ces fossettes, un globule d'amalgame de potassium assez gros pour que la plus grande partie de son diamètre, qui était de deux à trois millimètres, fît saillie au-dessus de la surface du fond du vase; un fil de platine d'un millimètre de diamètre et de trois centimètres de longueur placé horizontalement sur le fond du vase a été approché du globule placé dans la fossette jusqu'à ce qu'il fût latéralement en contact avec lui. Cet appareil a ensuite été recouvert d'une couche peu épaisse d'une solution d'une partie de potasse caustique dans quarante-neuf parties d'eau distillée. La figure 29 représente cette expérience dans laquelle, comme dans toutes celles qui vont suivre, les objets sont un peu amplifiés. Le globule d'amalgame de potassium *a mouille* le fil de platine *b b*; sans cela, il n'y aurait point ici établissement du couple voltaïque dans lequel le mercure amalgamé de potassium est positif, et le fil de platine négatif. Sous l'influence de ce couple voltaïque, le potassium de l'amalgame s'oxide rapidement en décomposant l'eau; les bulles du gaz hydrogène se portent spécialement sur le fil de platine qui forme le pôle négatif du couple. Au moment où l'oxidation du potassium est près de finir, ou plutôt au moment où elle finit, il se manifeste brusquement dans la solution alcaline un double tourbillon dont les deux courants effluents partent des deux angles que possède le globule d'amalgame *a* à son contact avec le fil de platine, comme on le voit dans la figure 29. Ces deux courants effluents, dans leur élancement rapide, s'infléchissent l'un à droite et l'autre à gauche, et viennent, en décrivant chacun une courbe fermée, et en se changeant en courants affluents, joindre le milieu p du globule dont ils suivent la surface pour retomber dans les deux courants effluents. Ce double tourbillon est très-rapide, et il ne dure pas plus d'une demi-seconde. C'est une sorte d'explosion ou de décharge qui part des angles du globule de mercure. On dirait que, pendant l'oxidation du potassium, il s'est accumulé sur le globule d'amalgame un fluide analogue au fluide électrique, lequel, au moment de la fin de cette oxidation, opérerait une décharge subite, décharge qui s'effectue par les deux angles du globule de mercure; ce fluide entraînerait avec lui, dans son mouvement de double tourbillon, le liquide alcalin qui se trouve sur son passage, et en même temps les bulles de gaz hydrogène et les corps légers, tels que l'argile très-divisée que l'on peut avoir mise en suspension dans ce liquide.

218. On remarquera que ce courant épipolique à double tourbillon est dirigé exactement en sens inverse du courant électrique. Celui-ci, en effet, marche dans la solution qui complète le circuit, du pôle positif p au pôle négatif n, tandis que le courant épipolique à double tourbillon semble marcher dans la solution du pôle négatif au pôle positif; mais, ainsi que je l'ai fait remarquer, ce n'est pas du pôle négatif n que part ce double courant épipolique, c'est des deux angles du globule d'amalgame de potassium, et il revient de part et d'autre au point opposé de ce globule où se trouve le pôle positif du couple voltaïque. Toutefois cette direction, à peu près inverse, des deux courants électrique et épipolique, prouve que le second n'est point pro-

duit par le premier ; c'est un phénomène tout à fait à part. Ce courant épipolique à double tourbillon suit la surface de la solution alcaline très-peu profonde qui recouvre cet appareil ; mais il prend naissance sur la surface du globule d'amalgame. C'est un phénomène analogue à celui que j'ai noté plus haut (199), et qui se rapporte à la figure 26, figure dans laquelle on voit de même un courant épipolique à double tourbillon, né au bord de l'amalgame de potassium, s'élancer sur la surface de la solution alcaline environnante. Lorsque, dans l'expérience qui se rapporte à la figure 29, la solution alcaline est profonde de plus de 4 ou 5 millimètres, le courant épipolique à double tourbillon, ne pouvant s'établir à la surface de la solution, *avorte* pour ainsi dire. On observe seulement deux jets rapides et instantanés qui partent, comme à l'ordinaire, des deux angles du globule d'amalgame, mais qui ne s'infléchissent point pour accomplir leur course dans deux courbes fermées, et revenir ainsi à leurs points d'origine. Ce dernier phénomène, qui est celui du tourbillonnement, est essentiellement un phénomène *appartenant à la surface*, ou autrement un phénomène *épipolique*. La sorte de décharge qui le produit, quand la solution a très-peu de profondeur, ne le produit plus quand la solution est profonde.

219. J'ai donné une autre forme à cette expérience, en plongeant horizontalement dans le globule d'amalgame de potassium l'extrémité rendue pointue d'un fil de platine ou la pointe d'une aiguille d'acier. Ce globule enveloppa la pointe métallique, comme on le voit dans la figure 30, et cet appareil fut couvert, comme à l'ordinaire, d'une mince couche de solution aqueuse de potasse caustique. Après l'écoulement du temps nécessaire pour que la presque totalité du potassium soit converti en potasse caustique, on voit

encore ici se manifester brusquement, et comme par décharge explosive, un courant épipolique à double tourbillon, qui part toujours de la partie du globule qui est tournée
du côté de la plus grande longueur libre de l'aiguille. Les
deux courants effluents s'infléchissent immédiatement et
viennent en décrivant chacun une courbe, qui les change
en courants affluents, aboutir au point *b*, où se trouve la
pointe de l'aiguille. On remarquera que ces courants épipoliques sont encore dus à une sorte de décharge qui part des
seules parties anguleuses que possède le globule de mercure; ce globule, en effet, est arrondi de toutes parts et
n'est anguleux qu'à l'entrée du trou circulaire que fait l'aiguille qui pénètre dans son intérieur. Ces observations,
touchant l'émission des courants épipoliques par les angles
ou pointes des corps qui leur donnent naissance, se trouvent
en harmonie avec des observations analogues qui ont été
exposées plus haut (93, 94, 115, 116, 118, 122).

220. Ces expériences prouvent, de la manière la plus
évidente, que les courants épipoliques, en prenant la forme
de tourbillons, suivent la direction qu'il est dans leur nature
d'affecter, et que cette forme de tourbillon n'est point le
résultat mécanique d'un remous, comme on voit que cela a
lieu souvent dans l'eau des rivières lorsque leur courant
rencontre un obstacle qui le force à se réfléchir. Ici, il est
certain qu'il existe un agent invisible ou un fluide impondérable qui accomplit son mouvement dans une courbe fermée, et qui entraîne avec lui le liquide, les bulles de gaz
hydrogène et les corps légers qui se trouvent sur son passage. Je reviens souvent à cette assertion, parce que le fait
général qu'elle exprime me paraît de la plus haute importance, et que les faits particuliers la confirment de plus en
plus à mesure qu'il se présentent à l'observation.

221. Il arrive quelquefois que le courant à double tour-billon qui prend son origine à l'endroit où la pointe de l'aiguille pénètre dans le globule d'amalgame de potassium, au lieu de se recourber immédiatement sur lui-même pour revenir vers le point opposé du globule, comme cela se voit dans la figure 30, continue sa route en suivant plus ou moins loin les parois de l'aiguille, et se recourbant ensuite sur lui-même, il accomplit sa double courbe fermée sans rejoindre le globule, comme on le voit dans la figure 31. Alors les tour-billons sont tangents à l'aiguille.

222. Lorsqu'on fait embrasser un fil de platine par un globule d'amalgame de potassium de 5 à 6 millimètres de diamètre vers le milieu de sa longueur, comme on le voit dans la figure 32, on obtient quatre courants tourbillon-nants, ou, si l'on veut, deux courants qui sont chacun à double tourbillon. Ces deux courants épipoliques à double tourbillon, sont situés de chaque côté de la ligne ponc-tuée *a b*. Les courans effluents sortent des angles que pos-sède le mercure du côté *c* et du côté *d*, là où sa masse est traversée par le fil de platine, ces courants deviennent af-fluents sur la ligne médiane *a b* duglobule.

223. Il n'est pas indispensablement nécessaire, pour ces expériences, que le fil de platine ou de fer soit pointu à l'une de ses extrémités, ou en forme d'aiguille ; je n'ai em-ployé cette forme que pour pouvoir plus facilement faire envelopper l'extrémité du fil métallique par un globule tou-jours assez petit de mercure.

224. Les petites fossettes creusées dans le fond plat de mon vase de verre, m'ont été très-commodes pour placer des globules d'amalgame de potassium à des distances dé-terminées les uns des autres, en les mettant en contact soit avec le même fil de platine, soit avec des fils de platine dif-

férents. De cette manière, j'ai pu étudier l'influence que ces globules exercent les uns sur les autres, relativement à la modification de leurs courants épipoliques, et relativemeut à l'influence réciproque de ces courants les uns sur les autres.

225. J'ai creusé sur le fond plat de mon vase de verre trois fossettes disposées de manière que celle du milieu n'était pas tout à fait sur la ligne droite qui joignait les deux extrèmes. J'ai placé dans la fossette du milieu un globule d'amalgame de potassium a (fig. 33), et dans les deux fossettes extrèmes, deux globules de mercure pur b c. Un fil de platine d'un millimètre de diamètre fut embrassé complétement par les deux globules b c, tandis que le globule d'amalgame a se trouva seulement en contact latéral avec ce fil. Les globules de mercure pur b c étaient à trois centimètres l'un de l'autre. Le tout fut couvert d'une couche mince de solution de potasse caustique. Le globule d'amalgame de potassium a produisit un courant épipolique à double tourbillon, comme on a vu que cela a eu lieu dans l'expérience représentée par la figure 29, mais ici les deux tourbillons offrirent une extension bien plus grande, et telle qu'ils dépassèrent beaucoup, en les enveloppant, les deux globules de mercure b, c. J'ai supprimé le globule de mercure b, et j'ai laissé à sa place le globule de mercure c. Alors un nouveau globule d'amalgame de potassium a, a produit un ample tourbillon pour envelopper le globule de mercure c, et de l'autre côté le tourbillon analogue et inverse, n'a offert que les dimensions restreintes qu'on voit dans la figure 34. Lorsque enfin j'ai supprimé le globule de mercure c, un globule d'amalgame de potassium placé en a n'a produit que deux tourbillons égaux et semblables à celui qui est le plus petit dans la figure 34. Lorsque j'ai porté la distance entre ces deux globules de mercure $b\,c$ (fig, 33) au-delà de 35 millimètres, les deux tourbillons émanés du globule d'amalgame de potassium a ont cessé de s'étendre assez pour les envelopper.

226. J'ai obtenu les mêmes résultats en mettant dans les trois places $a\,b\,c$ (fig. 33) des globules d'amalgame de potassium ; mais alors ces résultats se compliquent de diverses manières par les courants épipoliques produits simultanément ou successivement par ces trois globules d'amalgame.

227. Il résulte de ces expériences que deux globules de mercure pur, lorsqu'ils embrassent, vers ses deux extrémités, un fil de platine d'une longueur déterminée, fil que touche latéralement dans son milieu un globule d'amalgame de potassium ; que les deux globules de mercure, dis-je, exercent une influence d'une nature inconnue sur le courant épipolique à double tourbillon, qui émane du globule d'amalgame de potassium pour déterminer ce courant à prendre une extension insolite, et de manière à envelopper ces deux globules de mercure dans les deux courbes fermées qu'il décrit. Or, les deux globules de mercure pur ne produisent point d'électricité par leur contact avec le fil de platine, puisqu'il n'existe là aucune action chimique. Cette extension insolite du double tourbillon émané du globule d'amalgame de potassium a (fig. 33) n'est donc point le résultat d'une influence électrique. Il paraît y avoir là une influence exercée par une atmosphère inconnue dont les globules de mercure seraient environnés.

228. Toutes les fois que l'on voit les courants épipoliques tourbillonnants se rencontrer naturellement, ils marchent dans le même sens à leurs points de contact. Ainsi, par exemple, dans la figure 30, les deux courants du double

tourbillon marchent dans le même sens, en suivant la ligne
bc, où les deux courants se confondent. Dans la figure 32,
où il y a quatre tourbillons, on remarque la même similitude dans le sens de la marche des quatre courants tourbillonnants, aux points où ils sont contigus. Ainsi les courants
épipoliques ne se nuisent point réciproquement lorsqu'ils
marchent dans le même sens; ceci est un effet mécanique
qu'il est très-facile de concevoir; il était important de savoir
ce qui arriverait en mettant en contact des courants épipoliques qui marcheraient dans des sens inverses. Voici comment j'ai fait cette expérience :

229. Deux fossettes creusées sur le fond plat de mon vase
de verre, à 7 millimètres de distance l'une de l'autre, reçurent
chacune un globule d'amalgame de potassium. Deux fils de
platine de 1 millimètre de diamètre et de 3 centimètres de
longueur ab, cd (fig. 35), furent mis en contact latéralement
et du même côté avec ces globules d'amalgame o et i. Ces
fils de platine, parallèles entre eux, étaient attachés l'un à
l'autre par deux fils de platine très-fins ac, bd, qui étaient
enroulés sur leurs extrémités. Cet appareil fut recouvert
d'une couche mince de solution de potasse caustique. Cela
posé, reportons-nous à la figure 29 qui représente le courant épipolique à double tourbillon qui devrait être produit
par chacun des globules d'amalgame de potassium i et o,
dans la figure 35, si les deux *appareils* aob et cid n'étaient
pas voisins. Chacun de ces *appareils* offrirait alors le double
tourbillon représenté par la figure 29, comme cela se voit
dans la figure 36. Or, il n'en est plus de même lorsque les
deux *appareils* sont rapprochés l'un de l'autre, et que la
distance qui les sépare est de moins de 15 millimètres. Dans
l'expérience représentée par la figure 35, cette distance
n'était que de 7 millimètres. Alors la partie inférieure ff

(figure 36) du double tourbillon appartenant au globule o, et la partie supérieure $g\,g$ du double tourbillon appartenant au globule i disparaissent ; les deux courants émis par le globule i s'élancent directement vers le globule o (figure 35), se joignent aux deux courants m et n, auxquels ce globule o donne naissance, et ces quatre courants ainsi réunis n'en forment plus que deux qui s'infléchissent à droite et à gauche, comme à l'ordinaire, et viennent accomplir leur double circuit en aboutissant au milieu du globule i, d'où leur course se continue vers le globule o pour rentrer de nouveau dans les deux courants $m\,n$.

250. On remarquera que, dans la figure 36, la partie $f\!f$ du double tourbillon, appartenant au globule o, et la partie $g\,g$ du double tourbillon, appartenant au globule i, marchent en sens inverse, leurs mouvements, tant à droite qu'à gauche, se contrarient et tendent par conséquent à s'abolir mutuellement. Or, dans l'expérience représentée par la figure 35, cette abolition est complète, et doit être rapporté d'une part à la marche inverse des parties $f\!f$ et $g\,g$ (fig. 36) des courants, et d'une autre part, à la tendance qu'ont ces courants épipoliques à s'unir à des courants voisins lorsque leur direction est semblable. C'est à cette dernière cause qu'est due la réunion des courants issus du globule i aux courants $m\,n$ issus du globule o, comme on le voit dans la figure 35.

231. Dans l'expérience représentée par la figure 35, les deux *appareils* $a\,o\,b$ et $c\,i\,d$ se regardent par leurs pôles électriques opposés. Le globule d'amalgame de potassium o, qui est le pôle positif de l'*appareil* $a\,o\,b$, est en regard du fil de platine $c\,d$, qui est le pôle négatif de l'*appareil* $c\,i\,d$. Nous allons voir actuellement ce qui arrive lorsque ces deux *appareils* se regardent par leurs pôles semblables.

Pour cela, au lieu de placer le globule *o* en dessous du fil *a b*, je l'ai placé en dessus, comme on le voit dans la figure 37. Comme je me servais des mêmes fossettes pour placer les globules d'amalgame de potassium, il résulta de cette disposition que les deux fils de platine *a b* et *c d* se trouvèrent plus rapprochés qu'ils ne l'étaient dans l'expérience représentée par la figure 35. Leur distance ne fut plus que de 4 millimètres 1/2. La figure 37 représente cette nouvelle disposition des deux *appareils a o b* et *c i d*, dont les pôles négatifs se regardent. Les deux doubles tourbillons appartenant l'un au globule *o*, et l'autre au globule *i*, s'établirent, et malgré le peu de distance qui existait entre les deux fils de platine *a b* et *c d*, ces deux doubles tourbillons demeurèrent distincts dans cet étroit espace, où ils se comprimaient et s'aplatissaient mutuellement, tendant ainsi à se repousser, car sans l'obstacle qu'ils s'opposaient l'un à l'autre, et qui tenait, dans cet endroit, leurs courbes à la petite distance d'environ 2 millimètres de chacun des deux fils de platine, ces mêmes courbes se fussent portées à 10 ou 15 millimètres de ces mêmes fils de platine. Il est facile de voir qu'ici l'existence simultanée des courants épipoliques appartenant aux deux doubles tourbillons, et cela dans un étroit espace où ces courants se gênaient évidemment, provenait de ce que ces courants marchaient dans le même sens, tant à droite ou en *m m*, qu'à gauche ou en *n n*. D'un autre côté, les deux globules *o* et *i* étaient traversés dans leur milieu par des courants dirigés en sens inverses, en sorte qu'il était impossible que ces courants pussent se continuer l'un avec l'autre, ainsi que nous avons vu que cela a eu lieu dans l'expérience représentée par la figure 35, expérience dans laquelle les courants épipoliques issus du globule *i* ont la même direction que les courants issus du globule *o*.

232. J'ai obtenu des résultats semblables à ceux de l'expérience représentée par la figure 37, en mettant en regard les deux pôles positifs, comme on le voit dans la figure 38.

233. Je dois faire observer qu'il faut répéter bien des fois ces diverses expériences pour les voir réussir ; il faut, en effet, que les courants à double tourbillon, qui émanent des deux *appareils* placés en regard l'un de l'autre, apparaissent simultanément. Or, il ne dépend pas de l'expérimentateur que cela arrive ainsi, car chacun de ces deux courants à double tourbillon ne dure que pendant environ une demi-seconde, et le hasard seul peut faire qu'ils se manifestent en même temps.

234. Il résulte des expériences établies comme il vient d'être dit, que les deux doubles tourbillons épipoliques issus de chacun des deux couples voltaïques, se confondent et se changent en un seul double tourbillon autour de l'assemblage des deux couples voltaïques, lorsque ceux-ci se regardent par leurs pôles opposés. Lorsque, au contraire, les deux couples voltaïques se regardent par leurs pôles semblables, les deux doubles tourbillons issus de ces couples refusent de se confondre, et conservent leur existence individuelle, malgré leur rapprochement et leur compression mutuelle.

235. Je termine ici par l'exposé d'une expérience dont le résultat m'a paru bien remarquable. J'ai établi cette expérience comme celle qui est représentée par la figure 35, excepté que, au lieu de mettre en *i* un globule d'amalgame de potassium, j'y ai mis un globule de mercure pur. Le travail de l'oxidation du globule d'amalgame de potassium *o* (fig. 39) a commencé immédiatement et sans production de tourbillons issus de ce globule *o*, ainsi que cela a lieu toujours ; les tourbillons n'apparaissant, par une sorte de décharge, qu'à la fin de cette oxidation. Or, pendant tout le temps antérieur à cette apparition explosive des tourbillons, je vis une nuée de très-petites bulles de gaz hydrogène se porter de toutes les parties du parallélogramme de platine $a\,b\,d\,c$, vers le milieu du globule de mercure pur i ; malgré l'extrême différence de leur direction, tous ces courants se réunirent pour former, de l'autre côté du globule de mercure i, un courant $i\,y$ perpendiculaire dans sa direction au fil de platine $c\,d$. Ce courant se divisa bientôt en deux branches qui, s'infléchissant à droite et à gauche, formèrent un double circuit, lequel vint aboutir de part et d'autre au point sur lequel continuaient de converger les courants concentriques qui entraînaient les bulles de gaz hydrogène. La fig. 39 donne une idée exacte de ces phénomènes. Je ferai observer que ces courants, tant ceux qui opèrent l'afflux convergent des bulles de gaz hydrogène vers le globule i, que ceux qui constituent le double tourbillon issu de ce globule, sont assez lents. Tous ces courants cessent immédiatement lorsque le globule d'amalgame de potassium o, touchant à la fin de son oxidation, donne subitement naissance à son impétueux double tourbillon ; lorsque celui-ci est terminé, tout rentre dans le repos.

236. J'ai fait la même expérience, avec les mêmes résultats, en mettant le globule de mercure pur i en-dessus du fil de platine $c\,d$, au lieu de le mettre au-dessous de ce fil ; ainsi, la position de ce globule de mercure, par rapport au fil de platine, est ici indifférente.

237. Quelle est la cause qui porte ainsi, de toutes parts, les bulles du gaz hydrogène vers le globule de mercure pur ? Ce ne peut être une attraction électrique, car, comme je l'ai déjà fait observer plus haut (227), le mercure pur et le platine ne forment point un couple voltaïque dans l'ab-

sence de toute action chimique ; d'ailleurs, le gaz hydrogène
qui est électro-positif et qui, en cette qualité, s'est dégagé
sur toute l'étendue du parallélogramme de platine qui est
électro-négatif pendant tout le temps que dure l'état électro-
positif et l'oxidation du globule d'amalgame de potassium o;
le gaz hydrogène, dis-je, qui est électro-positif, ne pourrait
se porter vers le globule de mercure pur i, qu'autant que
ce globule concentrerait en lui, si cela était possible, toute
l'électricité négative qui existe dans l'appareil. Or, je me
suis assuré, par l'emploi du galvanomètre, que le globule
de mercure i ne possède aucune électricité qui lui soit
propre. Pendant l'oxidation du globule d'amalgame de
potassium o, j'ai mis deux fils de platine en rapport, l'un
avec l'un ou l'autre des deux fils de platine $a\,b$ ou $c\,d$ (fig. 39),
et l'autre avec le globule de mercure i; ces deux fils de
platine furent mis en communication avec un galvanomètre
qui indiqua l'état électro-négatif dans le fil de platine $a\,b$
ou $c\,d$, et l'état électro-positif dans le globule de mercure i.
Or, j'obtenais un résultat analogue en touchant simplement
la solution alcaline avec le fil de platine retiré du globule
de mercure ; la solution alcaline et le globule de mercure
servaient donc alors simplement de conducteurs à l'électricité positive qui provenait du globule d'amalgame de
potassium o; le parallélogramme de platine $a\,b\,c\,d$ était
électro-négatif dans son entier, et le globule de mercure i
était complétement neutre. L'afflux des bulles du gaz hydrogène vers ce globule de mercure, de toutes les parties du
parallélogramme de platine, ne peut donc être considéré
comme un phénomène électrique. Ce phénomène de mouvement se rattache, à mon avis, aux courants épipoliques,
courants pour l'existence et la production desquels le
mercure possède une propriété si remarquable ; courants

produits par un agent invisible voisin, sans doute, par sa nature, de l'agent auquel sont dus les phénomènes électriques, mais que, cependant, nous devons juger différent de ce dernier, en raison de la différence des phénomènes qu'il produit.

CHAPITRE X.

De la force épipolique considérée comme cause motrice
des liquides chez les êtres vivants.

238. Dès que l'observation m'eut appris que le camphre
et d'autres substances, en se dissolvant dans l'eau, y produi-
saient des courants plus ou moins rapides, je vis que ces
phénomènes annonçaient l'existence d'une force nouvelle,
et je soupçonnai que cette force était celle à laquelle était
due la circulation des liquides qui s'observe chez les chara.
Prenant alors le camphre comme le type de tous les corps
qui sont susceptibles de produire les mêmes phénomènes
de mouvement, je désignai tous ces corps, quelque différente
que fût leur nature, sous le nom de *corps camphoroïdes*, et
les phénomènes dus à l'action de la force particulière développée par ces corps furent désignés par moi sous le nom
de *phénomènes camphoro-électriques* ; j'étais alors dans l'opinion que ces phénomènes de mouvement dépendaient de
l'électricité. Par la continuation de mes recherches, je suis
arrivé à reconnaître que ces noms imposés trop à la hâte
aux nouveaux phénomènes que j'observais, devaient être

abandonnés, et qu'une théorie plus générale devait être adoptée pour embrasser tous les faits qui se rattachaient à ce nouvel ordre de phénomènes que j'ai dû rapporter à l'action d'une force indiquée par le nom nouveau de *force épipolique*. Ce changement de nom n'a apporté aucun changement dans mes idées relativement à l'identité de la force à laquelle j'attribue, d'une part, les mouvements produits dans l'intérieur de l'eau par le camphre, et d'une autre part, le mouvement circulatoire des liquides chez les chara. Ce rapprochement de deux phénomènes en apparence aussi disparates a dû nécessairement paraître des plus étranges, et cela parce que j'ai négligé, en émettant cette idée pour la première fois, d'exposer avec assez de clarté. avec assez de détail, les faits sur lesquels je pouvais l'appuyer. Lorsqu'on a l'esprit rempli par un sujet, on croit souvent être clair pour tout le monde tandis qu'on n'est intelligible que pour soi-même. Ainsi, personne n'a compris comment il était possible de comparer raisonnablement le mouvement produit dans l'intérieur de l'eau par une parcelle flottante de camphre au mouvement circulatoire produit dans le liquide central des tiges du chara, par l'influence des globules verts disposés en files ou en séries linéaires sur les parois intérieures de ces tiges tubuleuses. Les faits que j'ai exposés avec le plus grand détail dans cet ouvrage ne laisseront plus rien d'obscur dans l'expression de mes idées à cet égard. Le camphre, placé à la surface de l'eau, produit des courants épipoliques dans l'intérieur de ce liquide (88) ; des courants du même genre sont produits dans l'intérieur de l'eau par des fragments complétement submergés de diverses substances, par exemple par des fragments d'alliage d'antimoine et de potassium couverts d'eau. Les courants épipoliques que produisent ces fragments submergés acquièrent une vivacité

extrême lorsque ceux-ci reposent sur la surface du mercure
(111-114) ; un cristal de sel marin , couvert d'eau et repo-
sant sur la surface de mercure , produit dans cette eau des
courants épipoliques tout à fait semblables à ceux que produit dans cette même eau une parcelle de camphre placée
à sa surface (118) ; j'ai donné la théorie de ces divers phénomènes de mouvement, et j'ai fait voir l'identité de la force
qui les produit. On conçoit donc facilement, d'après cela,
comment, malgré l'extrême différence des circonstances
dans lesquelles ils se manifestent, les courants produits dans
l'eau par le camphre flottant sur sa surface , et les courants
produits par l'influence des globules verts du chara dans le
liquide que contient le tube de la tige de cette plante ;
comment, dis-je, ce courants de liquide peuvent dépendre
de l'action d'une même force mise en action par des moyens
différents. Les globules verts du chara se trouveraient alors
placés dans la catégorie des corps qui, à l'état d'immersion
complète dans l'eau, y produisent des courants épipoliques ,
courants que le camphre cesse d'y produire lorsqu'il est
complétement immergé. Au moyen de ces explications, dont
n'auront besoin, au reste , que ceux-là seulement qui n'auraient pas lu mon ouvrage avec assez d'attention , j'ai lieu
d'espérer que mes idées seront comprises et que j'éviterai
ainsi le retour de ces objections qui attestent que ceux qui
les font ne comprennent pas les idées qu'ils combattent.

239. Je viens de dire que le mouvement circulatoire qui
a lieu chez les chara est dû à l'action de la force épipolique;
il s'agit actuellement de prouver que cette assertion est
fondée.

240. Les courants épipoliques n'ont point encore de caractère physique et spécial auquel il soit possible de reconnaître leur nature. Dans l'état actuel de nos connaissances,

on ne peut guère leur assigner que des caractères physiques négatifs. Ainsi j'ai fait voir (61), que les courants épipoliques ne sont point dus à l'électricité. Ces courants cependant offrent, dans les conditions de leur existence, certains caractères auxquels il est possible de les reconnaître; ainsi ces courants ne peuvent suivre que des surfaces polies appartenant, soit à des liquides, soit à des solides immergés. Les liquides, entraînés par ces courants épipoliques, suivent toujours de très-près ces surfaces polies desquelles semble émaner une influence qui est indispensable pour l'existence de ces courants. Lorsque ceux-ci sont établis sur une surface polie, ils en suivent constamment la ligne moyenne ou le diamètre passant par le point d'origine du courant. J'ai donné à cette ligne moyenne de la surface le nom d'axe épipolique (96), et l'on a vu dans le cours de cet ouvrage, et par une foule d'exemples, que les courants épipoliques suivent constamment cet axe dans leur marche. Or, ces différents caractères auxquels peuvent se reconnaître les courants épipoliques s'observent dans les courants circulatoires du chara. Ces courants de liquide suivent constamment les surfaces des globules verts disposés en files qui tapissent intérieurement la cavité tubuleuse où s'opère ce mouvement circulatoire. Ces globules verts sont des petites cellules ou utricules dont les parois sont polies, comme le sont généralement les membranes végétales extrêmement tenues qui appartiennent aux organes élémentaires des végétaux. Des expériences positives m'ont prouvé [1] que le mouvement du liquide circulant s'opère sous une influence motrice qui

---

1. Voyez mon Mémoire intitulé *Observations sur la circulation des fluides chez le chara fragilis*. *Annales des sciences naturelles*, tom. **xix**, 2ᵉ série.

émane de ces petites utricules vertes à surfaces polies. Considéré par rapport à chacune de ces petites utricules vertes disposées les unes à la suite des autres, le mouvement du liquide commence à l'un des points où chaque utricule touche l'utricule voisine dans le sens de la ligne droite qui les réunit en séries ou en files, et ce mouvement qui suit le diamètre ou l'*axe épipolique* de cette petite surface vient aboutir au point opposé, là où l'utricule touche l'autre utricule qui lui est voisine dans le sens de la file. Comme le courant suit un axe épipolique semblablement dirigé sur toutes les utricules vertes dont se composent les files, il en résulte un courant général selon la direction de ces files d'utricules vertes. Ainsi le liquide circulant chez le chara suit constamment des surfaces polies desquelles il reçoit l'influence motrice, et ce mouvement ne quitte point un axe déterminé de chacune de ces surfaces. Or, ce sont là les conditions reconnues de l'existence des courants épipoliques.

241. Voyons actuellement si les courants circulatoires du chara refusent, comme les courants épipoliques, de reconnaître l'électricité pour cause ; si ce caractère négatif se joint aux caractères de conditions d'existence que je viens d'établir, il faudra nécessairement reconnaître que les courants circulatoires du chara sont véritablement des courants épipoliques ; car ils posséderont tout ce qui sert à distinguer ces derniers. Or, il résulte des expériences que nous avons faites en commun, M. Becquerel et moi, en appliquant au chara l'électricité voltaïque, soit directement, soit par induction, que la force qui meut le liquide du chara n'est ni l'électricité ni l'électro-magnétisme. Il existe donc là une force motrice d'une nature nouvelle et inconnue, et cette force, on ne peut plus en douter, est la force épipolique. Les preuves à cet égard sont aussi complètes qu'il est pos-

sible qu'elles le soient dans l'état actuel de nos connaissances.

242. En parvenant à prouver que le courant circulatoire qui
existe chez le chara est un courant épipolique, on n'a résolu
qu'une faible partie de ce problème physiologique ; il reste
à trouver la cause à laquelle est due ici la production de la
force épipolique et la cause de la direction particulière du
mouvement que cette force produit dans le liquide. Pour
arriver à la solution de ces questions, il est nécessaire de se
reporter à des considérations plus générales sur les conditions de l'existence de la force épipolique chez les êtres
vivants.

243. L'existence de la force épipolique en action chez
les êtres vivants est un fait dont il est impossible de douter.
Cette force, en effet, est toujours développée au contact
des liquides hétérogènes, lorsque ce contact s'opère dans
le voisinage d'une surface polie. Or, le contact et la solution réciproque des liquides hétérogènes ont lieu continuellement chez les êtres vivants ; l'eau , sans cesse introduite
dans leurs tissus , y rencontre des substances organiques
avec lesquelles elle s'unit, et cette union, qui s'opère dans
des vaisseaux, dans des cellules dont les parois sont toujours
intérieurement polies, y développe la force épipolique, laquelle devient pour ces liquides une cause de progression.
Ceci ne doit point être considéré comme une hypothèse,
c'est une vérité nécessaire ; car, généralement, là où l'existence des causes est démontrée, là doivent se rencontrer
les effets qui dépendent de ces causes.

244. C'est parmi les substances organiques que se trouvent les agents les plus puissants de la production de la
force épipolique. Telles sont les substances grasses ou hui-
leuses, résineuses ou résinoïdes, l'albumine, la gélatine, la

gomme, etc. ; substances dont les associations diverses rendent solubles, dans les liquides aqueux, celles d'entre elles qui ne le sont pas directement. Sans cesse mises en rapport avec les liquides aqueux qui pénètrent le corps vivant, ces substances doivent nécessairement produire partout l'effet qu'il est dans leur nature d'opérer, effet qui est la production de cette force motrice des liquides, que je désigne sous le nom de force épipolique. Or, parmi les substances organiques qui par leur nature doivent être spécialement aptes à la production de cette force, se distingue spécialement la matière verte des végétaux : cette matière, qui porte le nom de *chlorophylle* lorsque, par des moyens chimiques, elle est isolée des autres substances auxquelles elle est unie dans l'organisme végétal, est une substance résinoïde insoluble dans l'eau. Son association naturelle à d'autres substances, pour former cette matière verte qui remplit le parenchyme des feuilles, lui donne de la solubilité dans l'eau, du moins dans de certaines proportions. Aussi voyons-nous l'eau prendre une teinte verte légère lorsqu'on la fait bouillir avec des feuilles vertes et fraîches. Cette solubilité de la matière verte dans l'eau est nécessaire pour qu'elle puisse produire des courants épipoliques dans ce liquide. La dissolution de cette matière dans l'eau séveuse est faible, et doit, par conséquent, être fort lente et durer longtemps, conditions convenables, nécessaires même, pour entretenir la continuité de la production de la force épipolique ; les substances très-solubles ne pouvant donner lieu que momentanément au dévelopement de cette force. Ainsi, la matière verte végétale, en sa qualité de substance résinoïde, possède éminemment la propriété de produire la force épipolique lors de son contact avec l'eau, et comme elle est très-lentement soluble dans ce liquide, elle est apte à la production lente et continue de cette force. Cette matière, d'ailleurs , est réparée et renouvelée à mesure qu'elle s'épuise ; on sait que c'est sous l'influence de la lumière que cette substance répare les pertes qu'elle fait continuellement ; aussi disparaît-elle plus ou moins promptement par l'effet de l'obscurité prolongée.

245. Ces faits étant établis, il devient facile de voir que c'est à la matière verte qu'elles contiennent que les utricules vertes du chara doivent la propriété de produire la force épipolique à laquelle est dû le mouvement circulatoire du liquide contenu dans le tube central de la tige de cette plante. J'ai expérimenté, en effet, que ce mouvement circulatoire continue d'avoir lieu dans l'obscurité, continuée pendant plus de vingt jours, et que sa cessation qui arrive alors se trouve accompagnée par le phénomène de la décoloration ou de l'étiolement de ces utricules , qui sont devenues blanches. Cette expérience prouve incontestablement que la matière verte exerce une influence sur la production du mouvement du liquide, puisque ce mouvement dure tant qu'il existe encore de la matière verte, et qu'il disparaît avec elle. Ainsi , il ne reste plus à déterminer que la cause qui donne une direction déterminée à ce mouvement ou à ce courant épipolique.

246. W. Herschel, dans le mémoire dont j'ai déjà eu occasion de rapporter deux extraits (19-174), est porté à attribuer le mouvement circulatoire qui a lieu chez les chara à une cause motrice analogue à celle qui, sous l'influence de l'électricité voltaïque, imprime du mouvement aux liquides dont le mercure est recouvert. Cela équivaut, dans ma manière de voir, à reconnaître que cette cause motrice est la force épipolique. Voici comment il s'exprime : « Il n'est « point improbable que plusieurs phénomènes de petits

« mouvements intestins, ordinairement attribués à l'attrac-
« tion capillaire, à des productions de chaleur ou à d'autres
« causes, puissent être rapportés à des effets électriques. Il
« en est un que je ne dois pas oublier de mentionner
« d'après la ressemblance extérieure frappante qu'il a avec
« plusieurs de ceux rapportés dans ce mémoire ; je veux
« parler des mouvements décrits par M. Amici dans la séve
« du chara, qu'on observe dans certaines files de globules
« disposées dans la direction de la tige. Le mouvement du
« fluide, dans le voisinage de ces globules, a été attribué par
« M. Amici lui-même à l'électricité développée par ces glo-
« bules de quelque manière inconnue, et il ressemble si fort
« à ce qui arrive lorsqu'un courant électrique passe sur une
« rangée de petits globules de mercure placés sous un
« liquide conducteur, qu'il n'y a pas de difficulté à conce-
« voir une analogie entre les causes. »

247. J'ai rapporté plus haut (166) l'expérience à laquelle
W. Herschel fait ici allusion, et qui appartient à Humphry
Davy. Dans cette expérience c'est, non la force électrique,
mais la force épipolique qui meut le liquide dans lequel les
globules de mercure sont plongés. J'ai exposé la théorie de
ce mouvement épipolique ; j'ai fait voir que l'électricité
agit ici, en localisant, sur l'un des pôles secondaires de chacun des globules de mercure, la production d'une substance
propre à donner lieu au développement de la force épipolique. Actuellement, si l'on veut, à l'exemple de W. Herschel, rapprocher ce phénomène de celui du mouvement
qui s'observe dans le liquide en contact avec les files de globules verts du chara, il est nécessaire de faire abstraction
de l'électricité voltaïque, qui, dans l'expérience de Davy, ne
joue qu'un rôle secondaire, bien que nécessaire ; il faut admettre que la nature a fait pour chacun des globules verts

du chara ce que l'électricité voltaïque fait pour chacun des globules du mercure ; qu'elle a placé à l'une des extrémités de chacun de ces globules verts, extrémité qui est la même pour tous, une substance spécialement douée de la propriété de développer la force épipolique lors de son contact avec le fluide aqueux environnant. Cela admis, le mouvement du liquide dans l'expérience de Davy et le mouvement du liquide chez le chara seront deux phénomènes identiques sous le point de vue de la force motrice et du mécanisme de son action, mais différents seulement sous le point de vue de la substance productrice de la force épipolique.

248. J'ai établi plus haut (245) que les globules verts du chara sont des petites utricules contenant de la matière verte, matière très-lentement soluble dans l'eau, et éminemment douée de la propriété de donner lieu à la production de la force épipolique par le fait de sa dissolution. Or, puisqu'il suffirait de localiser sur l'un des points de la surface de la petite utricule verte la dissolution de la matière verte qu'elle contient, pour produire, par cela même, un courant épipolique sur la surface de cette utricule, courant qui suivrait la ligne moyenne ou l'axe épipolique de cette surface, ne pourrait-on pas supposer que la membrane utriculaire des globules du chara serait plus facilement perméable pour l'eau à celui de ses bouts auquel commence le mouvement, qu'au bout opposé auquel ce mouvement se termine, ou plutôt se continue sur le globule qui suit ? De cette manière, la solution de la matière verte, productrice de la force épipolique, se trouverait localisée sur un des points de la surface du globule vert, comme se trouve localisée par l'électricité, sur un des points de la surface de chaque globule de mercure, la solution de la substance productrice de cette même force, dans l'expérience d'Hum-

phry Davy. Il suffirait alors d'admettre que tous les globules verts disposés en file ont une organisation semblable, pour concevoir comment le courant épipolique aurait sur tous ces globules une origine et une direction semblables ; il résulterait de là que chaque globule vert opérerait la continuation du courant épipolique, qui lui serait transmis par le globule vert qui le précède dans la série, ce qui produirait le mouvement général du liquide tel que le montre l'observation, c'est-à-dire suivant les files des globules verts.

249. Les mouvements de circulation qui ont lieu, comme ceux du chara, dans des cavités closes, sont très-communs chez les végétaux : on les a observés dans les cellules, dans les cavités de certains poils, là où il n'y a point de globules verts pour présider à ce mouvement. Les racines du chara sont tubuleuses, et le liquide que contient leur cavité circule comme celui qui est contenu dans les tiges ; or, cependant, ces racines n'offrent point de globules verts. Ce n'est donc pas exclusivement à l'influence de ces globules qu'il faut attribuer ce mouvement ; il existe donc à cet égard une autre action que celle de la matière verte, et cela ne surprendra pas, puisqu'il est reconnu que toutes les substances organiques solubles donnent naissance à la force épipolique lors de leur dissolution dans l'eau et au voisinage d'une surface polie ; or, je l'ai déjà dit, les cellules, les vaisseaux et en général toutes les cavités végétales qui contiennent des liquides, ont leurs parois intérieures polies. On remarquera, d'ailleurs, que les parois de toutes ces cavités organiques sont composées de globules fort petits, et que ces globules, blancs, ou plutôt incolores, peuvent remplacer les globules verts pour la production des courants épipoliques, puisqu'ils contiennent comme eux des substances propres à produires ces courants. Au reste, on doit penser que les

globules de matière verte, répandus avec tant de profusion dans les parties vertes des végétaux et notamment dans les feuilles, doivent avoir sur le mouvement de diffusion de la séve aqueuse un pouvoir épipolique énergique. Cette cause nouvelle de progression de la séve devra être prise en considération par les physiologistes.

250. Si l'on ne peut douter que le contact et la solution réciproque des liquides hétérogènes ne soit une cause de production de la force épipolique chez les êtres vivants, on ne pourra douter davantage de l'influence qu'exercent certaines autres causes sur le développement général et incessant de cette même force dans l'intérieur de leurs tissus. J'ai fait voir plus haut (70, 73) que la transmutation des liquides en solides est une cause de développement de la force épipolique. Or, cette transmutation a lieu sans cesse et partout chez l'être vivant, puisque c'est par cette transmutation que s'opère la nutrition des organes. Enfin, la fixation de l'oxigène est encore une cause de production de la force épipolique, ainsi que je l'ai fait voir (74). La fixation continuelle de l'oxigène respiratoire dans l'intérieur du tissu vivant doit donc y déterminer d'une manière incessante le développement de cette force motrice intérieure. Tout concourt donc à établir que la force épipolique joue un grand rôle dans les organes du corps vivant, comme force motrice des liquides qui imbibent ces organes. Cette force est, selon les circonstances, tantôt une cause d'afflux des liquides vers un point déterminé qui devient le centre de leur tendance, tantôt cette même force est une cause de diffusion de ces mêmes liquides qu'elle tend à éloigner d'un centre déterminé. Ce sont là des phénomènes que j'ai constatés dans l'ordre physique et qui doivent exister de même dans l'ordre physiologique.

251. L'un des caractères de la force épipolique est d'agir, dans beaucoup de cas, par saccades brusques et intermittentes, ainsi que j'ai eu occasion de le faire voir par des observations variées et assez nombreuses (88, 90, 91, 108, 156). On dirait que, dans ces circonstances, la force épipolique agit par des décharges successives. Ce phénomène de décharge est bien manifeste dans les expériences que j'ai rapportées à la fin de mon neuvième chapitre (215 — 237), et l'on remarque que cette décharge s'opère toujours par les pointes ou angles que possèdent les corps sur lesquels la force épipolique, ou, si l'on me permet cette expression, le *fluide épipolique* semble être accumulé et à l'état de *tension*. Ce fluide, dans sa décharge subite, entraîne avec lui la partie du liquide environnant qui se trouve sur son chemin, comme le fluide électrique, en s'échappant par les pointes, entraîne avec lui l'air ambiant et produit ainsi un courant d'air. J'ai cru (115) qu'il était possible de conclure de ces faits que la force épipolique, ou plutôt que le fluide auquel est due cette force, jouait, dans les liquides aqueux, un rôle analogue à celui que joue dans l'air l'électricité statique, étant, comme elle, susceptible d'un état de *tension*, susceptible d'opérer des décharges et susceptible de s'écouler par les pointes. Quoi qu'il en soit, on peut inférer de ces observations, du moins avec un peu de probabilité, que tous les mouvements qui, chez les êtres vivants, ont lieu par saccades intermittentes, sont dus à la force épipolique développée dans l'intérieur de leurs organes où se rencontrent partout des liquides hétérogènes qui se dissolvent mutuellement. D'après cela, on pourrait rapporter à la force épipolique les mouvements saccadés et intermittents des oscillaires et ceux des folioles de sainfoin oscillant ; il est bien entendu que je ne considère ici la force épipolique que comme cause

déterminante de la progression du liquide dont l'accession aux organes moteurs provoque ces mouvements saccadés ; je ne m'occupe point ici du mécanisme de ces mouvements d'incurvation.

252. Je terminerai ce travail par des considérations relatives à la cause de l'endosmose. Dans ce phénomène il y a contact et dissolution réciproque de deux liquides hétérogènes ; ce contact et cette dissolution s'opèrent dans les canaux capillaires de la cloison perméable qui sépare les deux liquides, canaux qui possèdent nécessairement le poli moléculaire. Les conditions du développement de la force épipolique se trouvent donc là ; ne serait-ce pas cette force qui imprimerait aux deux liquides les mouvements d'endosmose et d'exosmose ? Voici comment je conçois que cela doit avoir lieu : les deux liquides hétérogènes que sépare une cloison à pores capillaires pénètrent inégalement dans l'intérieur de cette cloison, en sorte que leur mélange qui s'y opère est constitué par une forte proportion de l'un de ces liquides et par une faible proportion de l'autre liquide. Ainsi, pour former ce mélange, les deux liquides extérieurs à la cloison ont perdu une inégale quantité de leur volume ; or, au contact des deux liquides hétérogènes dans les canaux capillaires de la cloison séparatrice, la force épipolique se développe brusquement et par une sorte d'explosion, ainsi que cela a lieu ordinairement. Cette explosion ou ce brusque courant centrifuge, produit par la force épipolique, tend à chasser le mélange des deux liquides hors des canaux capillaires de la cloison ; cette expulsion est nécessairement égale de chaque côté de la cloison séparatrice, car si les deux liquides séparés marchent avec inégalité dans les canaux capillaires de cette cloison, leur mélange y doit affecter une marche partout égale à elle-même. Il résulte de

là que la cloison qui, par l'action de la force capillaire, a emprunté aux deux liquides deux volumes inégaux, leur rend par l'explosion que produit la force épipolique, deux volumes égaux du mélange des deux liquides, mélange opéré dans son intérieur. Ainsi, celui des deux liquides qui a reçu de l'intérieur de la cloison plus qu'il ne lui a donné a augmenté par cela même son propre volume, et s'est associé un peu du liquide opposé : c'est là l'endosmose ; au contraire celui des deux liquides qui a reçu de l'intérieur de la cloison moins qu'il ne lui a donné a diminué par cela même son propre volume, et s'est associé en même temps un peu du liquide opposé : c'est là l'exosmose. Ainsi, ces deux phénomènes consistent en cela, que les deux liquides hétérogènes reçoivent de la cloison qui les sépare, et cela par l'action de la force épipolique, ou plus ou moins qu'ils ne lui ont donné en vertu de l'action de la force capillaire.

253. Pour que cette théorie soit établie sur des bases solides, il ne suffit peut-être pas qu'elle soit rationnellement appuyée sur les principes de la production de la force épipolique, car le vraisemblable peut quelquefois n'être pas vrai ; il faut donc prouver ici que la force épipolique est véritablement en action dans le phénomène de l'endosmose. Or, cette preuve se trouve dans une des observations que j'ai consignées dans mon travail sur l'endosmose. J'ai expérimenté [1] qu'en mettant de l'acide nitrique contenant de petits fragments de feuilles d'or dans le réservoir d'un endosmomètre fermé par un morceau de vessie, et qu'en plongeant ce réservoir dans l'eau, les petits fragments de feuilles d'or étaient lancés de bas en haut dans l'intérieur de l'acide par les courants d'endosmose qui étaient dirigés de l'eau

1. Collection de mes Mémoires, tome I, page 62.

vers l'acide ; ces courants étaient brusques et intermittents, en sorte que les fragments de feuilles d'or qui avaient été soulevés et portés vers le haut par l'un de ces courants ascendants, retombaient sur la membrane séparatrice et y demeuraient immobiles pendant un certain temps; puis un nouveau courant ascendant né brusquement au-dessous de l'un quelconque de ces fragments de feuilles d'or, lui donnait un nouveau mouvement ascensionnel dans l'intérieur de l'acide. Ces faits prouvent d'une manière certaine que les courants d'endosmose n'étaient point continus ; qu'ils naissaient par des sortes d'explosions brusques et intermittentes. Or, on vient de voir que l'intermittence d'action est un des caractères auxquels se reconnaît la force épipolique. C'est donc spécialement à l'action de cette force qu'est due l'endosmose. Si l'intermittence des courants d'endosmose, intermittence qui est si évidente dans l'expérience que je viens de citer, ne se montre pas de même dans toutes les expériences dans lesquelles l'endosmose s'observe, cela provient de ce que les courants épipoliques produits dans l'intérieur de la cloison qui sépare les deux liquides hétérogènes n'ont pas toujours assez de force pour se manifester d'une manière visible, en dehors de cette cloison ; la sphère de leur action ne dépasse pas, la plupart du temps, l'intérieur de cette cloison, ce qui suffit pour produire les courants d'endosmose, mais ce qui est insuffisant pour les rendre visibles, comme ils le sont dans l'expérience que je viens de citer.

FIN.

TABLE DES CHAPITRES.

CHAPITRE VI.

CHAPITRE VII.

CHAPITRE VIII.

CHAPITRE IX.

CHAPITRE X.

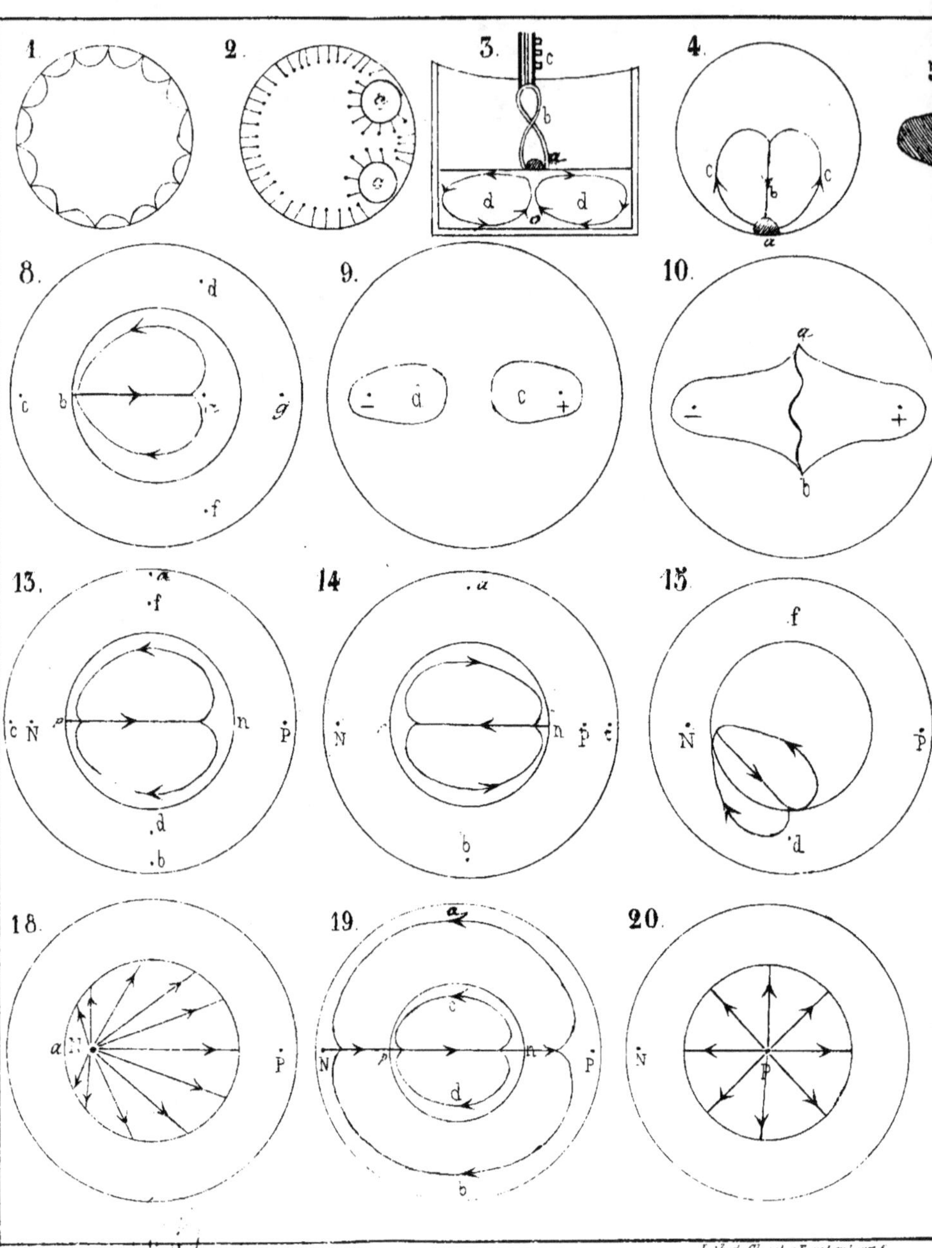

Lith. de Clouet r. Furstemberg, 5.

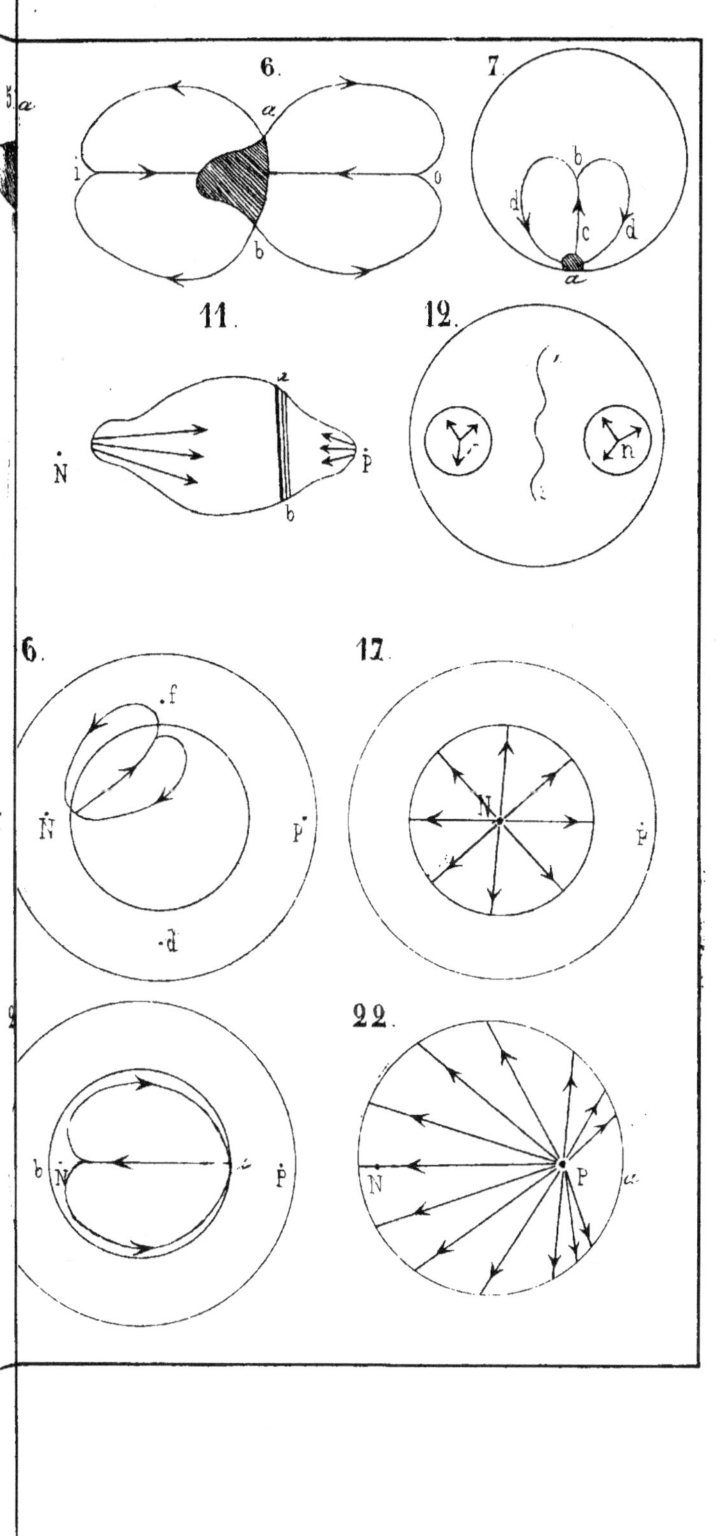

6.
7.
11.
12.
6.
17.
22.
N
P

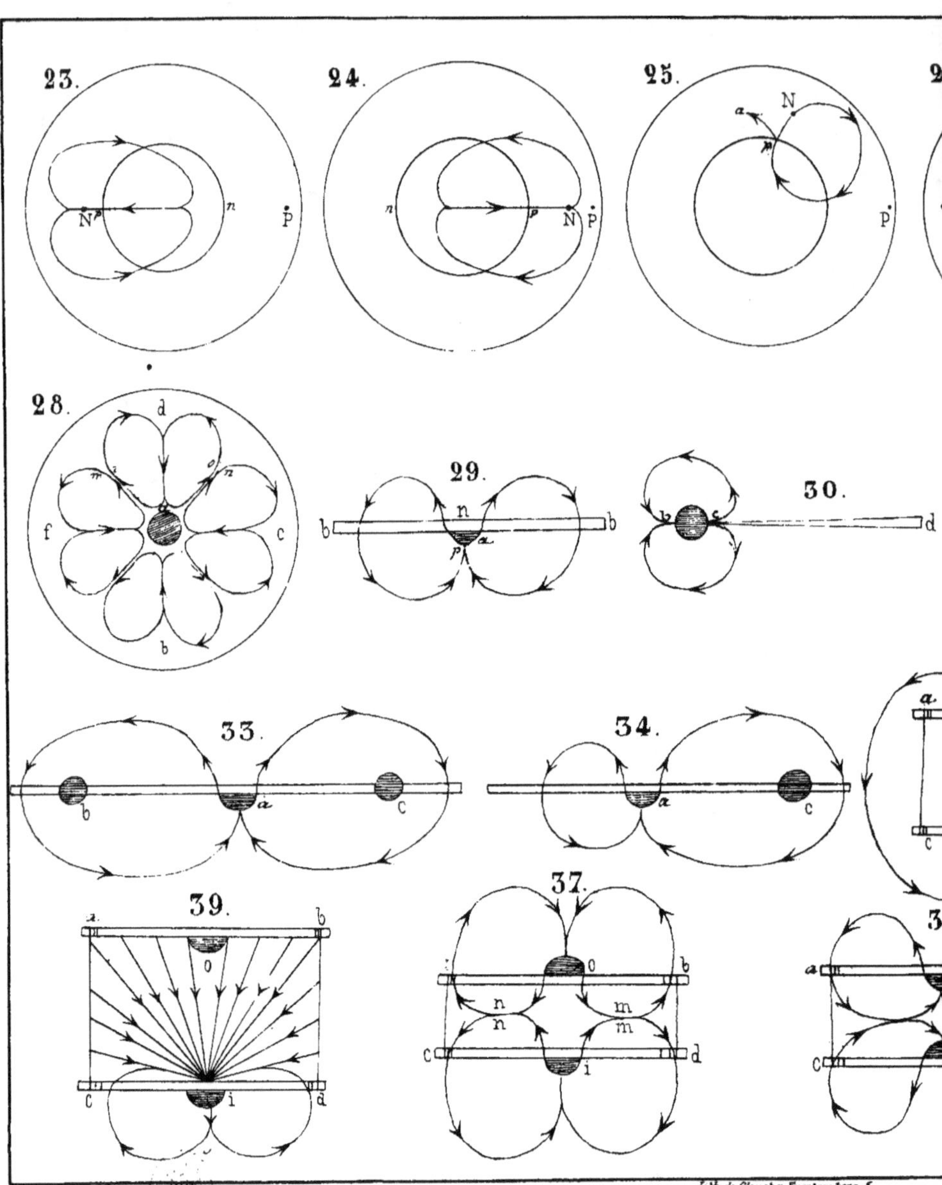

23.
N n P
24.
n N P
25.
a N
P
28.
d
o
m n
f c
b
29.
n
b b
p a
30.
b c
d
33.
b
a
c
34.
a
c
a
c
39.
a b
o
c i d
37.
o b
n m
n m
c i d
a
c
Lith: de Clouet, r. Furstemberg, 5.

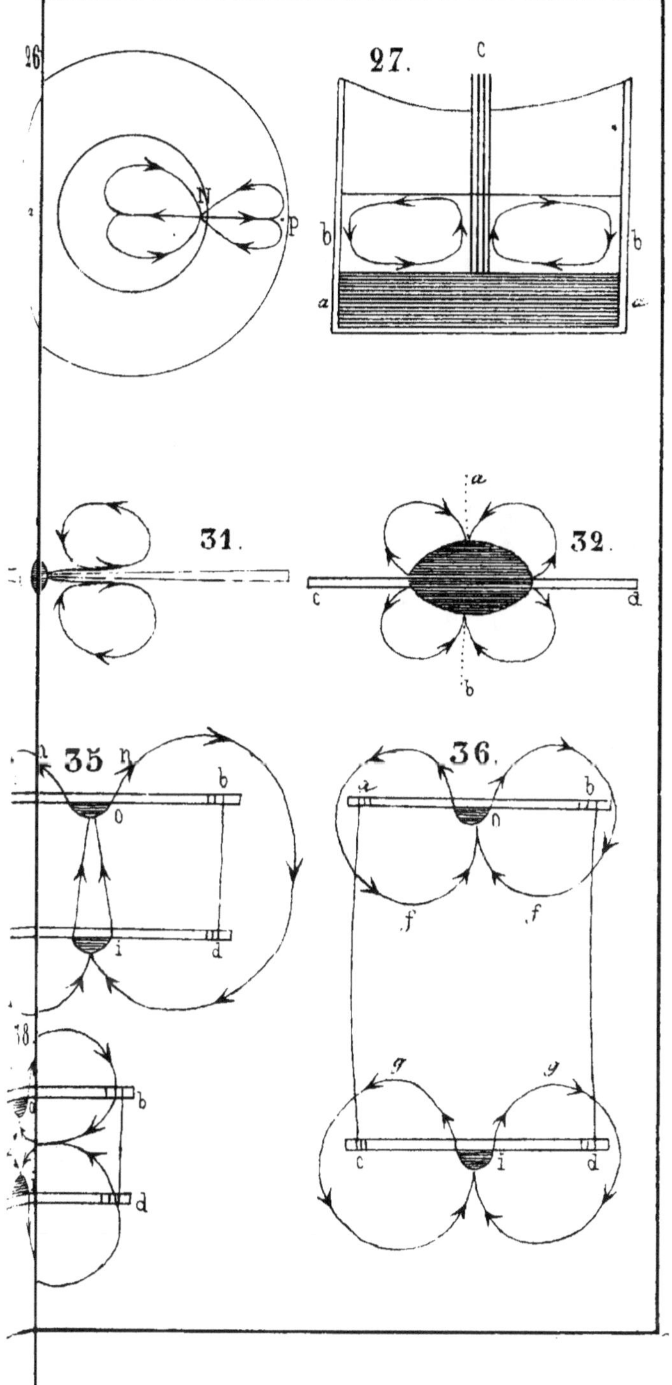